花与果实的

培育
装饰
料理

莳花弄草

我的园艺慢生活

[日本] Garden Story 编辑部　编
刘玉燕　荣苗苗　译

江苏人民出版社

图书在版编目（CIP）数据

莳花弄草：我的园艺慢生活 / 日本Garden Story编辑部编；刘玉燕，荣苗苗译. -- 南京：江苏人民出版社，2022.5
ISBN 978-7-214-27152-5

Ⅰ. ①莳 Ⅱ. ①日 ②刘 ③荣 Ⅲ. ①园林植物-观赏园艺 Ⅳ. ①S688

中国版本图书馆CIP数据核字(2022)第060154号

江苏省版权局著作权合同登记号：图字10-2021-636号

书　　名	莳花弄草　我的园艺慢生活
编　　者	[日本] Garden Story编辑部
译　　者	刘玉燕　荣苗苗
项目策划	凤凰空间／陈　景
责任编辑	刘　焱
特约编辑	罗远鹏
出版发行	江苏人民出版社
出版社地址	南京市湖南路1号A楼，邮编：210009
总 经 销	天津凤凰空间文化传媒有限公司
总经销网址	http://www.ifengspace.cn
印　　刷	天津久佳雅创印刷有限公司
开　　本	787 mm×1 092 mm　1/16
印　　张	9
版　　次	2022年5月第1版　2022年5月第1次印刷
标准书号	ISBN 978-7-214-27152-5
定　　价	68.00元

（江苏人民出版社图书凡印装错误可向承印厂调换）

前言

自从我种花养草后，每天都期盼着第二天的到来。不论是树枝抽芽，还是花骨朵儿一个个变得圆鼓鼓的，都令人激动不已。看着娇艳的花儿，闻着四周芬芳的气息，心里暖暖的。眼前的累累硕果让我的内心感到充实，成就感油然而生。

栽培植物就是用自己的双手创造明天的快乐！本书介绍了多种植物的培育方法以及用植物充实生活的32个妙招。每月尝试几个，你会发现每个月份、每个季节都是那么弥足珍贵！

让我们一起翻开这本书，通过园艺创造未来的诗意生活吧！

本书以日本关东平原以西地区的气候为背景，介绍了花卉的种植与培育，该地区与我国长江以南地区气候相近，请读者结合居住地的实际情况合理使用本书指导栽种——译者注

海野美规

珍珠绣线菊花环（详见第134—135页）

目录

（12个月盛开的园艺花卉）

重点介绍街道、公园内的常见花卉，以及深受园艺师喜爱的代表性草花。

（12个月的园艺生活）

园艺生活围绕植物全面展开，把握了购买幼苗、播种、移栽和采收的时机，就迈出了成功的第一步。

（本书植物类别）

一年生草本植物：寿命为一年以内的草花，主要分为春夏开花和秋冬开花两种。
二年生草本植物：第一年植株生长发育，不开花；第二年开花后，寿命结束。
多年生草本植物：能成活多年的草花，分为常绿型和落叶型两类。本书把常绿型归为多年生草本植物，把落叶型归为宿根草本植物。
宿根植物：多年生草本植物中，休眠前地上部分的叶子会全部掉光，到了生长期重新发芽的一类植物。
球根植物：多年生草本植物中，根、茎、叶肥大，储存养分的器官埋在地下的一类植物。
木本植物：开花、结果的树木，栽种在庭院里的树木等，有常绿、半常绿、落叶三类。

SHW FRIEDRICHSTAL

4月

当月节日与活动

愚人节

赏樱

入园入学

预防花粉过敏

赶海

复活节

花祭

当月特色植物

樱花

郁金香

竹笋

棣棠

四照花

沐浴着春天温暖的阳光，马口铁皮桶里沙果伸出粉色的枝条，堇菜、香草绽放着朵朵小花。

4 月盛开的园艺花卉

地栽

樱花

花期：3—4月　落叶乔木
蔷薇科樱属

地栽 | 盆栽

蓝盆花（松虫草、轮锋菊）

花期：4—6月、9—10月　一年生、二年生、多年生草本
川续断科蓝盆花属

地栽

麻叶绣线菊（麻叶绣球）

花期：4—5月　落叶灌木
蔷薇科绣线菊属

地栽 | 盆栽

牡丹

花期：4—5月　落叶灌木
毛茛科芍药属

地栽 | 盆栽

郁金香

花期：3—5月　多年生草本（球根）
百合科郁金香属

地栽 | 盆栽

春星韭

花期：3—4月　多年生草本（球根）
石蒜科春星韭属

地栽 | 盆栽

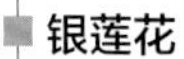

银莲花

花期：2—5月　多年生草本（球根）
毛茛科银莲花属

地栽 | 盆栽

喜林草（粉蝶花）

花期：4—5月　一年生草本
田基麻科喜林草属

地栽

木香花

花期：4—5月　半常绿灌木
蔷薇科蔷薇属

地栽

紫荆

花期：4月　落叶灌木
豆科紫荆属

地栽

四照花

花期：4—5月　落叶乔木
山茱萸科四照花属

地栽

紫丁香

花期：4—5月　落叶灌木或小乔木
木犀科丁香属

地栽

檵木

花期：4—5月　常绿灌木
金缕梅科檵木属

4月的园艺生活

4月，春回大地，五颜六色的花儿相继绽放，许许多多的植物萌发新芽。在这个能够感受植物力量的季节里，我们可以一边欣赏美丽的花卉，一边进行园艺活动。在和煦阳光的照耀下，让我们一起行动起来吧！

a.除草是园艺活动的开始，也是关键
b.摘除残花
c.不要忘记给盆栽浇水
d.栽种春植球根花卉
e.购买花苗
f.播种夏季开花的一年生草本植物
g.播种并定植夏季蔬菜

a.

除草是园艺活动的开始，也是关键

庭院里所有的植物都长出新叶的时候，杂草也会肆意钻出。这个时段尽可能地将杂草拔除，夏季的花卉养护就会变得非常轻松。趁着杂草还没长大，不用费多少力气就能将其轻松除尽。若等杂草长大后再拔除，其种子会散落到土里，拔除后还会生长，就会难以尽除。雨后第二天，土壤松软，最适合拔草。

b.

摘除残花

所谓残花，就是凋谢的枯花。摘除残花不仅可以保持株形美观，还可以延长赏花期。花卉在花开后结出种子，完成了繁衍任务后便不再开花。所以摘掉残花，不让其结出种子，植物就会继续完成繁衍任务，会一个劲儿地开花。虽然这样做感觉有些残忍，但是为了延长花期，最好还是养成摘除残花的习惯。

摘除残花并不复杂，且摘花时凉凉的触感、若有似无的淡淡香味，让人心情舒畅。摘下残花后放置一会儿，花冠会变得膨胀圆滚，能看到里面有许多未成熟的种子。若不及时摘除残花，花里的种子成熟后便会掉到地上，等条件具备，就会发芽。此外，因为园艺品种的种子生长后开的花一般与其母株开的花不同，所以建议大家摘除残花，不要使用园艺品种的种子。

c.

不要忘记给盆栽浇水

4月，气温开始急剧上升，有时甚至会超过25 ℃，这时的植物生长旺盛，会使劲地吸收水分。要是两三天忘记浇水的话，盆栽花卉就会因缺水而萎蔫。若是偶尔忘记浇水还可以采用“泡水法”进行应急抢救，但多次不浇水后，花卉便会彻底枯萎死亡。“泡水法”就是把花盆的三分之一或一半左右的部分浸在盛满水的容器里，让花卉从底部大量吸收水分。等打蔫的花枝、花茎重新直立起来后，花卉就复活了。

d.

栽种春植球根花卉

春天的庭院花团锦簇，令人赏心悦目，而夏天一到，美丽的风景就不见了踪影。趁着夏季未到，赶紧栽种春植球根花卉，就可以避免这种遗憾发生。推荐大家种植唐菖蒲、嘉兰、马蹄莲、娜丽花、美人蕉、姜黄花等。

e.

购买花苗

园艺店或苗圃里贩售的花苗虽然有很多，但人气品种和稀有品种最好趁早去购买。购买前，需要选好栽种的位置。若买来后搁置在一边，花苗则会因为气温过高而变得虚弱，所以事先选好栽种位置可以有效避免冲动型购买行为。

f.

播种夏季开花的一年生草本植物

点缀夏季花坛的百日菊、万寿菊、翠菊、藿香蓟通常会在20 ℃左右时发芽。从育种开始亲自栽培，不仅能获得更多花苗，而且实惠经济，还会更爱护自己培育出的花朵。

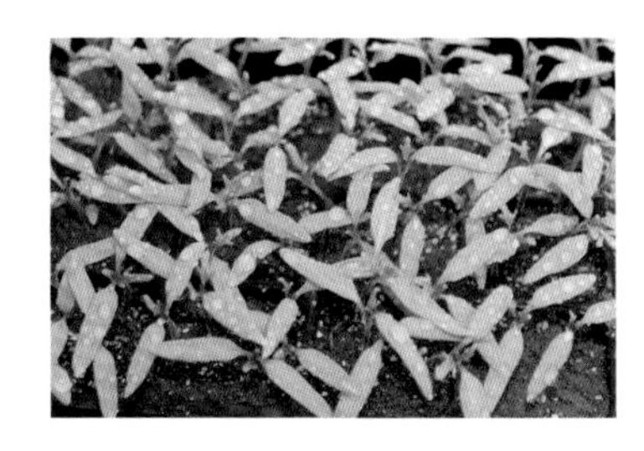

g.

播种并定植夏季蔬菜

撒些番茄、茄子、黄瓜的种子吧！近年入夏比较早，若住在平原地区，4月便可开始定植菜苗。

培育　迷你玫瑰、超级矮牵牛、半边莲等

用混栽花卉展现季节特色

混栽就是把多种花草组合栽种在一个花盆里的园艺方法。即使没有庭院，只要有一个花盆，我们也能充分享受四季多彩的园艺生活。

4月，把春季到初夏盛开的花草汇集起来混栽在花盆中，开启与鲜花相伴的美好生活。掌握种植、换栽花草的顺序（见第8—9页）等技巧，尝试打造富有自家特色的小花园。

春—夏

混栽花卉可以粉色为主，同时用簇生的小花营造出轻柔、浪漫的氛围。迷你玫瑰和铁线莲花期有限，其他草花整个夏季都会开花。这一时期可以尝试将迷你玫瑰、铁线莲、超级矮牵牛、大戟属“烟雾钻石”、鸟足菜、天竺葵等进行混栽。

晚夏—秋

秋英、蓝盆花的纤纤细茎，随风摇曳，散发出浓浓秋意。将株高错落不齐、株形有些许凌乱的花草搭配在一起，可以自然地营造出秋日原野的风貌。此时常用的混栽植物有大波斯菊、蓝盆花、鼠尾草、百日香等。

晚秋—冬

严寒时节，明亮的暖色花卉温暖人心。黄色的鬼针草别名“冬日大波斯菊”，在冬季依旧绽放。此时适合将冬日大波斯菊、细叶美女樱、薰衣草“Meerlo”（学名：Lavandula allardii，齿叶薰衣草与穗薰衣草的杂交品种）、白猫尾草（日本独有的品种，叶子带斑纹）等花卉进行混栽。

冬—早春

这一时期可将堇菜、宽叶百里香、牛至、郁金香等花卉进行混栽。堇菜花期较长，能在冬春两季持续盛开。先栽好球根花卉，再在各球根花卉间栽种其他花苗。透过稠密的堇菜就可以窥见郁金香绿色的叶子。

夏季混栽请参照本书第58—61页，冬季混栽请参照本书第106—107页

混栽所需材料和基本方法

容器

多使用底部带孔的赤陶、塑料、陶瓷等材质的花盆或使用花木箱。花盆的大小通常用“号”表示。1号盆直径约3 cm，若号数增加，其直径便是该号数乘以3。容器越小，水分流失越快。推荐新手使用8号盆（直径约24 cm）。

土壤

混栽用土推荐使用保水性强的园艺专用营养土，或使用“70%的红玉土+30%的腐叶土+基肥”混合而成的土。排水和保水从字面上看意思是相反的，但多种成分组成的营养土，是兼具排水性和保水性的优质种植土壤。

垫石

为保持土壤的透气性，避免土壤从花盆底部的排水孔中漏出，一般需要在花盆底部铺一些垫石。把小石子放在网袋中，便能防止其与土壤混杂在一起。当换栽花草时，也能很轻松地取出。

工具

准备好装土用的小铲子、桶铲以及浇水用的喷壶和水龙带，还有筛子、园艺小刀、手套、围裙等工具。此外，如果是在阳台上种花的话，还需要使用园艺地垫以防弄脏地面。当然你还可以购买自己心仪的其他园艺工具。

夏季的花卉移栽

移栽后

移栽前

4月是更换混栽植物的时期。即便堇菜等春季花卉依然还在绽放，但是花枝已经很长，植株株姿也开始发生变化。让我们来学习换土、备苗、浇水等基本要领，着手夏季的花卉移栽。若是第一次栽种，首先需要在花盆底部铺满小石子，然后从下文的步骤2开始进行移栽。

早春混栽的紫花地丁和银莲花。虽然花未开败，但枝条过长，混栽植物的株形已经杂乱。此时，将蓝色系的花草搭配好，就能营造出一片独属于夏季的清凉氛围，使混栽花卉重现春日的勃勃生机。

1.拔出旧绿植

使用园艺叉将根系发达的绿植挑起、拔除，然后使用园艺叉敲落附在根上的土，土里的草根会随着园艺叉的敲击而抖落。这样做既疏松了板结的土壤，又增加了土壤中的空气，会使土壤变得松软。

检查土壤状况

在扔掉被拔除的花草前，我们需要确认一下花草的情况。如果叶子非常茂盛，但没根或根极少，说明土中可能有金龟子幼虫，一旦发现要立即除虫，并尽量更换全部土壤。若无法及时进行更换，则要在清除干净幼虫后，在土壤中添加适量的颗粒状杀虫药。

2.补充新土

拔除旧绿植并换土，需将新土补充至花木箱的4/5处。这样做可以补给前一季用去的养分，同时能帮助新的混栽植物茁壮成长。

3.施肥

撒上适量的有机肥，并用小铲子搅拌。若是第一次栽种的话，则需要先在花木箱里装一半土，在添加有机肥后再进行搅拌。

4.放入主花

把主花花苗暂时放至花箱里（这里用的是开蓝花的琉璃半边莲和穗状的穗花婆婆纳）排列成“Z”字形，注意同一种花草不要直线摆放。

5.放入配材

在琉璃半边莲和穗花婆婆纳之间放上填空用的花草。先放上作为配材的薰衣草和球序裂檐花，注意不要将它们摆放成一条直线，之后再在薰衣草和球序裂檐花之间放上脐果草（草茎很长，开白色小花）充当配材。这个阶段只是暂时放入，若感觉间距狭小，可灵活移动花苗进行调整。

所谓“配材”，就像是在玫瑰花花束里搭配上满天星，有了它的存在，整个花束就会变得更加蓬松且自然协调。选择一些花色和株形都显眼的花卉当作主花，在主花间插入些若隐若现的小花，使各种绿植自然地融合在一起。

6.栽种

确定好栽种位置后，抓住主花幼苗底部将其从育苗盆中拔出。如果是根系不发达的花苗，不用将根系松散开，便可直接栽种。栽种配材时，要边用手背抵着旁边的花草防止其移动，边进行栽种。

7.完成栽种

花木箱的内侧可以栽种株形较高的脐果草、薰衣草，中间栽种水苦荬、耧斗菜、球序裂檐花等，外侧栽种百合花。这样富有立体感的混栽花卉就栽种完成了。

8.给混栽花卉浇水时，距离不要太远

用橡胶水管浇水时，不要打开水龙头便直接浇。春夏季节，水管中的水在日晒后水温较高，所以最好先淌一会儿水，确认好水温后，再将喷嘴换成花洒，给花卉浇水。若浇水时水势过大，则表土会形成小坑，露出植物根系，不利于植物生长。注意要把水浇在花草根部才能让花苗和土壤结合得更紧密。

9.从高处洒水

在栽种的时候，不管多么小心，叶子上也不免会沾上泥土。尤其是像超级矮牵牛等叶子上有柔毛的花卉，特别容易沾土。从稍高的位置洒水，可以冲掉沾在花叶上的土。要像下淅淅沥沥的小雨似的从上面洒水，要点是不要过于靠近花草。

10.撒上活性剂，完成移栽

最后，在水中加入一定量的活性剂配成营养液，用喷壶将混栽花卉全部喷洒一遍。活性剂可以帮助根部发育。

栽种后的管理

等表土干燥之后，每两三天浇一次水，浇到水从花木箱底部淌出为佳。浇水时掺一些液肥，花会开得更好。日后养护时要记得及时摘除残花。等各绿植长成后，它们会显得更加自然协调。

装饰　葡萄风信子、堇菜、圣诞玫瑰等

淡紫色的复活节创意插花花束

复活节是为了庆祝春回大地、万物复苏的节日。节日期间，阳光明媚，大家看起来都喜气洋洋的。象征着新生命的鸡蛋被染得五颜六色，变成了复活节不可缺少的物品。

来吧！让我们一起给蛋壳上色，把彩色蛋壳作为花器，在里面插上初春盛开的堇菜、葡萄风信子等紫色花卉，用这种时尚的“复活节彩蛋”创意插花花束来庆祝春天的到来。

把蛋壳当作花器使用

“复活节彩蛋”创意插花花束的制作

花材： 彩苞鼠尾草、藿香蓟、葡萄风信子、堇菜、羽扇豆、圣诞玫瑰、花毛茛、芝麻菜、白发藓

材料： 鸡蛋、食用色素、醋、石子、细铁丝、蛋托

在热水中加入食用色素和少许醋，制成染色水，然后把蛋壳泡在里面。如果不能将整个鸡蛋都泡在染色水中的话，那么就一边轻轻转动蛋壳一边上色，否则会上色不匀。

❶ 取出蛋液后，用食用色素给蛋壳上色。

❷ 用细铁丝将白发藓绑在蛋托上，然后把蛋壳放在上面。

❸ 为了稳定蛋壳，将石子放进蛋壳里面。

具体日期每年都会变化的复活节

复活节通常是每年春分月圆之后的第一个星期日，具体的日期每年都会变化。在欧美国家，通常会放四天假，从复活节前的星期五到复活节后的星期一休息。

❹ 把水倒入蛋壳中，插入事先已经剪短花茎的花材。

利用好春日庭院里盛开的花

花卉设计师兼摄影师海野美规建议我们使用身边常见的花卉进行插花。她说道：“和花店里的花不同，庭院花卉虽然花茎的长短、弯直不一，但是这样反而很有个性。复活节开花的花卉大都植株较矮，于是我就产生了将蛋壳做成花器的想法。在蛋壳的搭配下，插好的花束看起来更加活泼可爱。由于花束不大，所以任何人都能轻松地掌握其制作方法。”

盐渍八重樱与创意菜谱

一说到春天盛开的花，大家首先想到的一定是樱花。虽说染井吉野等品种耳熟能详，但要栽种在庭院里的话，我推荐大家栽种八重樱。八重樱的花瓣层层叠叠、轻柔艳丽，摘下做成盐渍八重樱，喝茶或吃日式点心时食用，别有一番滋味。

通常染井吉野都已渐渐凋零时，八重樱才会开始绽放。要制作上乘的盐渍八重樱，需要摘取盛开前半开的花瓣。泡樱花茶时，热水中的花瓣缓缓舒展，仿佛在枝头盛开一般。

盐渍八重樱的做法

材料：八重樱花瓣100 g（用直径20 cm的小筐盛，可以盛一筐半左右）、食盐25~30 g（为花瓣质量的25%~30%）、白梅醋1/3杯（约67 mL）

❶ 八重樱通常是由几朵花丛生成一串，悬垂开放。将它们整串摘下，去除每串花根部与树枝相连的部分。
❷ 把花放入盛满水的盆中轻轻揉搓，将洗过的花瓣放到筐内控水。
❸ 把控好水的花瓣放到玻璃或珐琅平盘中（或者小盆里）撒上食盐，用镇石压住。
❹ 放置两三天，等其出水。
❺ 两三天后，去掉镇石，拿出花瓣，轻轻挤出里面的水分，将挤出的水倒掉。
❻ 将控干水分的花瓣放到玻璃或珐琅平盘中（或小盆里），倒入白梅醋，压上镇石以防止花瓣浮起。
❼ 一周后，取出花瓣，轻轻挤出水分控干，摊放在筐子里。放到通风处阴干半日。
❽ 一边撒盐一边弄松花瓣，然后放到瓶子里保存。

创意食谱

樱花茶

取一两朵盐渍八重樱放到茶碗里，倒入热水。茶水中，花香与食盐的味道完美融合。用樱花摆盘时，可把泡在水中去掉盐分的盐渍八重樱，用厨房纸吸干水分，摆盘就完成了。

樱花饭团

将四朵去掉盐分的盐渍八重樱切碎，放到一碗米饭里搅拌后，捏成饭团。再在饭团上点缀一朵樱花，就很适合当作赏樱时吃的便当。

盐渍八重樱与母爱

每年的樱花季时，想必很多人都会回想起与樱花有关的美好记忆。会津乡土料理研究家本间望女士便是如此，她老家的院子里就种着一棵八重樱树。她讲道：“那棵八重樱树，是我出生时种下的。每年开花时，母亲都会做盐渍八重樱，再在新年、女儿节时，泡樱花茶给我们过节。我结婚那天，她把盐渍八重樱带到婚礼会场，在休息室里冲泡成樱花茶给公婆以及夫家的亲戚喝。当时的我并没有什么特别的感觉，直到现在我也是两个女儿的母亲了，才深觉当时茶水里那份浓浓的母爱，那里面饱含了母亲对我的祝福！到现在母亲还会每年给我往东京寄盐渍八重樱呢。”

5月

当月节日与活动

劳动节

男孩节

泡菖蒲汤

立夏

黄金周

采茶

母亲节

当月特色植物

康乃馨

玫瑰

芍药

翠雀花

草莓

紫苜蓿

鸢尾

铁线莲

5月的庭院繁花似锦，漂亮极了。采几枝蔷薇、拽一些羽衣草扎成一束漂亮的花束摆在桌上，园艺活动就开始了！

5月盛开的园艺花卉

地栽 | 盆栽

蔷薇

花期：5—6月、9—10月（品种不同，花期有差异）
落叶灌木　蔷薇科蔷薇属

地栽 | 盆栽

老鹳草

花期：4—6月　多年生草本
牻牛儿苗科老鹳草属

地栽 | 盆栽

多花素馨

花期：4—5月　半常绿藤本
木犀科素馨属

地栽 | 盆栽

毛地黄（洋地黄）

花期：5—6月　二年生、多年生草本
玄参科毛地黄属

地栽

毒豆

花期：5月　落叶乔木
豆科毒豆属

地栽｜盆栽

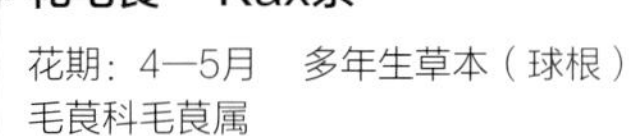

花毛茛 “Rax系”

花期：4—5月　多年生草本（球根）
毛茛科毛茛属

地栽｜盆栽

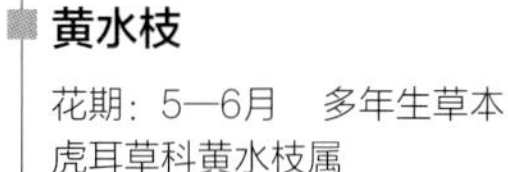

黄水枝

花期：5—6月　多年生草本
虎耳草科黄水枝属

地栽

绣线菊

花期：5—6月　落叶灌木
蔷薇科绣线菊属

地栽｜盆栽

翠雀花（大花飞燕草）

花期：5—6月　一年生草本
毛茛科翠雀属

地栽｜盆栽

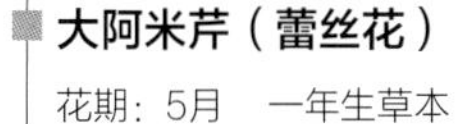

大阿米芹（蕾丝花）

花期：5月　一年生草本
伞形科阿米芹属

地栽

唐棣

花期：4—5月　落叶乔木
蔷薇科唐棣属

地栽｜盆栽

铁线莲

花期：4—10月（品种不同，花期有差异）　落叶藤本
毛茛科铁线莲属

地栽

羽扇豆（鲁冰花）

花期：4—6月　一年生、多年生草本
豆科羽扇豆属

5月的园艺生活

5月，微风和煦，是最适合打理庭院的时节。蔷薇、铁线莲等竞相开放、茁壮生长，在被它们的魅力吸引的同时，不要忘记收拾菜园，好为初秋的收获做准备。那么，让我们沐浴着阳光，在惠风和畅的5月，开始庭院工作吧。

a.做好防晒
b.定植蔬菜苗
c.播种一年生草本花卉
d.错开日期播种蔬菜
e.球根植物开花后的修剪与养护

a.

做好防晒

进入5月后，紫外线会越来越强。在庭院里工作时，不要忘记涂抹防晒霜、戴帽子进行防晒。有时只是想简单浇下水，但一到庭院里就会发现有很多工作要做，不知不觉间就开始忙活起来的情况可不少。因此，把防晒看作园艺活动前的必要准备工作很重要。

b.

定植蔬菜苗

5月是定植番茄、茄子、黄瓜、西葫芦、苦瓜等蔬菜的时节。提前在家庭用品商店或园艺店购买蔬菜苗，开始栽种吧。

3月中旬播种的番茄种子，其幼苗已经长大，马上就要开花了。是时候对它进行定植了。

定植前的准备

定植前3周，需要先将地翻好，然后撒下生石灰粉，用完全腐熟的堆肥来中和并改良土壤。也可在堆肥中掺入油渣、鱼粉等有机肥，等堆肥的养分融入土壤后再进行定植，蔬菜苗会长得更好。

浇水

挖好坑后往坑里注水，定植菜苗，然后培土防止水流出坑外。若种在菜园里，日后可以靠雨水自然浇灌，等天旱的时候再浇水；若用花木箱种植，则需要定期浇水，以保持表土湿润。

栽种前，往坑里注水。

培土后，水就淌不出来了。

喜水的茄子、喜旱的番茄

若土壤干燥的话，叶子就会萎蔫，这时就需要浇水了。茄子非常喜水，人们常说茄子是“靠水长大的”，一旦缺水的话，茄肉就会变硬，口感也会变差。注意要选择清晨或傍晚等天气较凉快的时候浇水。

与茄子不同的是，番茄在干燥的条件下生长，味道才更浓、更好吃。在花盆中种植时，可等表土极其干燥的时候再浇水。

c.

播种一年生草本花卉

到了5月，就要开始播种一年生草本花卉了。牵牛花的种子坚硬，需要在水中浸泡一晚后才能播种，这样可以更好地发芽。此外，凤仙花、碧冬茄、百日菊、金莲花、黑种草、万寿菊等，也需要在本月下旬进行播种。它们的存在会让夏天的庭院大放异彩。

d.

错开日期播种蔬菜

菠菜和小松菜（油菜的一种）等叶菜类蔬菜以及罗勒、香菜、紫苏等香草，也到了播种的季节。若一下子就把家里所有的种子都播种了，到收获时，家里就会有大量的蔬菜，一家人一时很难吃完。因此每次播种应间隔约一周的时间，每次少种一些，这样家里就会不断地有少量的蔬菜收获了。

e.

球根植物开花后的修剪与养护

春季开花的球根植物，在开花后会为第二年开花储存养分。摘除残花后，需施一些富含钾的肥料。还在进行光合作用的叶子，要等到其自然变黄后才能剪掉。在休眠期到来前，用麻绳捆住叶子，或用叶片宽大的宿根草本花卉遮盖住叶子，以防影响庭院的美观。一到休眠期，就需要剪掉叶子，挖出种球并保管好，等待来年再种。

播种的4个窍门

何时播种？

适合花卉播种的季节，为一年中春、秋两季。春季从三月中旬开始是播种的季节。种子发芽的适宜温度通常是15 ℃~20 ℃，根据品种的不同，有的种子则需要在25 ℃左右才会发芽。关于发芽的适宜温度，通常在种子包装袋背面有详细说明，请仔细阅读。

播种时用什么土好？

建议使用商店里出售的专用土，尽量不要购买太便宜的。播种用的各类物品在园艺店内都有售。播种大粒种子适合用小点的育苗盆。育苗盆通常是由能在土壤中自然降解的材料制成的，待种子发芽后，无须换盆，带着盆直接定植便可。播种细粒种子适合用固定好的薄板状苔藓（弄湿让它膨胀起来后再用）。有的土会添加有利于幼苗初期发育的肥料，能够改良土壤酸度，提高发芽率。推荐新手使用可以提高发芽率的土。

怎样播种？

❶ 给苗床充分浇水，把土壤浇透。
❷ 将能用手指捏起来的大粒种子，在一个育苗盆里撒上2~3粒，播种时用手指轻轻地按一按，让种子和土贴紧。
❸ 细粒种子需撒在盛有薄板状苔藓的浅塑料盒里，播种时轻轻地按一按，让种子和土贴紧。

种子上是否覆土？

种子中既有需要光照才发芽的品种，也有需要避光才发芽的品种，即种子的“喜光性”和“厌光性”。通常种子包装袋上都会清楚标注种子的类型，在播种时可根据二者的不同来决定是否覆土。

※ 具体植物的播种方法请参照本书第71页

从播种开始栽培香草

储备点香草，在做饭或日常生活中会非常方便。近年来，越来越多的人在阳台、厨房等的角落栽种香草。栽种香草很方便，大家可以通过购买幼苗直接种植，但如果经常使用香草，我建议大家亲自播种育苗。香草很容易栽培，哪怕是自己从播种育苗开始栽培也基本没有问题。从播种育苗开始栽培的话，我们可以观赏到种子冒芽的样子，实在是可爱极了。花费较低的成本，却能收获大量的香草，我们何乐而不为呢？生活中很多常用的香草，像罗勒、百里香等，春季就可以播种。不同品种之间，播种时节存在着差异，通常温暖地区是4—5月。

因种子的发芽率会逐年降低，所以请每年准备新的种子。

请仔细阅读包装上的说明。

香草的播种以及栽培方法，通常在种子外包装袋背面有详细介绍，请在播种前仔细阅读。

香草的播种要点与培育要点

罗勒

特征： 香气浓郁的罗勒是制作意大利菜不可或缺的食材。该香草即使在夏季高温时也能旺盛生长，所以常出现在夏季餐桌上，和番茄最为搭配。罗勒采收后可制作罗勒酱。（请参照本书第76—77页）

播种时间： 4月下旬至5月。

栽培方法： 怕旱，培育时要注意保持土壤湿润。罗勒具有喜光性，需栽培在光照充足的地方，覆盖一层薄土就好。可以确定好株距进行点播。待其发芽后，保留健康的幼苗，间拔其他幼苗。等罗勒植株长高后，摘心，以促进腋芽生长。开花后叶子会变硬，植株发育放缓，多摘心，可延长收获期。罗勒属于一年生草本植物，需要每年进行播种。

细香葱

特征： 每年5—6月绽开淡紫色的花朵。叶子细长，口感柔和，常用于西餐，最适合用在沙拉、蛋包饭、鱼肉料理中。除了地栽，也适合种植在花盆中。

播种时间： 3月下旬至6月上旬，以及9—10月。

栽培方法： 细香葱属于宿根草本植物，冬季地上部分枯萎，但是一到春天，便会重新冒芽。因其具有厌光性，播种后需在种子上覆一层薄土将其盖住。喜欢光照适中、阴凉、土壤肥沃的地方。在长到距离地面3~5 cm时将其剪下，之后新苗会重新长出。细香葱一年可以收获多次，持续采收，便不会再开花。如果想赏花的话，建议提前对细香葱进行分株。用种子直接栽培的情况下，细香葱第二年才会开花。

鼠尾草

特征： 鼠尾草属于常绿草本植物，自古就作为香辛料、药草使用。叶子呈长椭圆形，带银色。从初夏开始会开紫色的穗状花，非常漂亮。

播种时间： 4—5月，以及9月至10月上旬。

栽培方法： 生性耐旱、耐寒，怕高温多湿环境。具有喜光性，播种时需注意不要让种子积聚在一起，播种后要在种子上覆盖一层薄土。等长出五六片本叶后，将植株移栽定植到光照充足的地方。长到一定程度后，进行摘心以促进分枝生长。梅雨季到来前应疏剪分枝兼采收鼠尾草，疏剪有利于通风，可以帮助其更好地生长。

紫苏

特征： 一说到“香草”，很多人印象中的西方香草大概就是紫苏了，而紫苏（又称“大叶”）实际上原产于亚洲，在日料中被广泛使用。紫苏有绿紫苏和红紫苏两个品种，且两个品种中都有皱叶紫苏（叶片起皱，纹理明显）。

播种时间： 4月中旬至5月，天气足够温暖时播种。

栽培方法： 将种子放在水中浸泡一晚，待膨胀后，间隔30cm条播。紫苏喜光，不耐旱，播种后在种子上覆盖一层薄土，注意保持土壤湿润。发芽后，间苗，增大株距。待植株长到20~30cm时，可以采收紫苏嫩叶。8—9月花穗长大后，叶子发育变缓，想继续收获的话，需要进行摘心。紫苏属于一年生草本植物，需要每年进行播种。

所谓播种即播下希望的种子

培育植物时，你是直接购买花苗，还是自己播种育苗？园艺家兼作家的冈崎英生先生说过：“我是绝对的播种派。播种就是播下希望的种子。一想到漂亮的花朵和美味的蔬菜 ，无论多么辛苦，我都能坚持下去。”正如冈崎所说，有一天，我突然发现一根小小的绿芽钻出了苗床，我激动不已，瞬间意识到从播种育苗开始栽培比直接买来幼苗种植更让人开心。如果连发现发芽时的那份喜悦和感动都没体会过的话，那就太可惜了！

装饰　庭院中的草花

用红茶杯制作创意插花花束

一年中，5月的庭院花开得最多。让我们用红茶杯代替“玫瑰花杯”，将庭院中的花草插在里面用来装饰房间。即使没有专用花器，我们也可以用红茶杯和茶托来进行简便、快速的插花。

这种插花方式不需要大量的花，也不需要艳丽的花。如果自家庭院、阳台上没有种花的话，用路边盛开的小草花也可以。朋友送的一些受损伤的鲜花也可以使用，将其剪短，插在红茶杯中，就会立刻恢复生机。花朵可以使我们在接触大自然的同时，获得内心的平静。插花时的那份心无旁骛，就跟冥想一般能洗涤我们的心灵。

红茶杯创意插花的做法

花材：小草花、香草、常春藤等（也可以根据自己的喜好选择花材）。
材料：红茶杯和茶托、水、园艺剪、防水胶带或布胶带（事先剪成5 mm长）

将插好的花束摆放在房间一角。放置后，房间立刻会增色不少。

依据花色、季节，选择自己喜欢的红茶杯。

1.红茶杯变身花器

将胶带十字交叉地粘贴在红茶杯的杯口，把茶杯分为多个格子。注意胶带不要过长，否则会从茶杯侧面露出。贴完后，将红茶杯灌满水。

2.插出轮廓

弯月形插花是装饰插花的基本技巧之一。为了打造出两端纤细的流线造型，要先用叶材来确定基本轮廓。较长的叶材用手指轻折，使其自然弯曲，并调整成横向或向下延伸的样子。

3.用颜色及长短不一的花材烘托出立体感

插入长短不一的花材制造交错感和立体感，插花的角度过于水平的话，容易给人单调、呆板的感觉。

4.填充空隙

填充花草间的空隙，避免从任一角度看到胶带。除弯月形外，也可以插一个圆形花束，或者先确定好主题颜色，再插入其他花材。但是不管制作哪种造型都要注意花材之间的搭配和整体的美感。

将插好的花束摆放在卫生间，每次看到，都会有一种清新、洁净感扑面而来。

英国古董花器“玫瑰花杯”

红茶杯创意插花是神奈川县叶山町的古董商恩田露西女士由“玫瑰花杯”联想到的创意。“玫瑰花杯”原本是用来插自家庭院玫瑰的花器，为了方便插花，花杯上面有一个可以分隔区域的金属盖子，能把花杯隔成一个个的小格子，这在18世纪的英国非常流行。恩田女士曾这样说：“这个小小的花杯，不论放剑山，还是放吸水海绵，都很好用，每个人都可以用它插出漂亮的花来。我推荐大家选择金属材质的‘玫瑰花杯’，虽然市面上也有玻璃的，但是金属的更好看。这种镀银的金属花器，虽然看起来朴素，但其实雅致、大方，摆放在哪里都好看。”

熬制美味的玫瑰酱

5月，是花王玫瑰盛开的季节，不管是一年一季的还是四季常开的，通常在5月都会开花。哪怕只有小小的一朵，也美得让人陶醉，然而仅仅是用来欣赏，不免有些可惜。

因此，推荐大家用玫瑰花瓣制作玫瑰酱，其色泽、香气、口感都是其他果酱无法比拟的。在熬制过程中，玫瑰花飘香四溢，仿佛置身于如梦似幻的世界。但若想吃到这么好的玫瑰酱，就需要从栽种玫瑰开始，每年的11月，需购买大量玫瑰苗，栽培就从那时开始吧！（具体请参照本书第100—101页）

将古典玫瑰和英国玫瑰混在一起制作的玫瑰酱

制作玫瑰酱推荐用红色系玫瑰

红色、粉色的玫瑰上色漂亮，选择其中香气浓郁的来制作美味的玫瑰酱。泛黄或泛绿的玫瑰虽然香气浓郁，但是做出的玫瑰酱色泽不好。

"卡斯特桥市长"（Mayor of Casterbridge）

无农药培育

食用玫瑰与蔬菜、香草一样，注意栽培时不要喷洒农药。无农药栽培需要选择不易得病的品种，且要每日观察，注意驱虫。

"贾博士的纪念"（Souvenir du Docteur Jamain）

深红紫色的花，即便是做成玫瑰酱也会呈美丽的红色。

"雅克卡地亚"（Jacques Cartier）

香味浓厚的古典玫瑰，具有花瓣繁多的特征。

"百丽的克雷西"（Belle de Crecy）

古典玫瑰，花瓣色彩是带点紫色的蔷薇粉。

"帕门蒂尔的祝福"（Felicite Parmentier）

古典玫瑰，花瓣层层叠叠，花香四溢。

玫瑰酱的做法

材料： 玫瑰花瓣150 g（品种不同，用量不同）、白砂糖100 g、1个柠檬的柠檬汁、水200 mL

1.清晨摘花

气温上升后，花瓣香气会随着气温升高而挥发，所以需要在清晨剪下玫瑰花的花冠。刚开的花一般不会有虫，这时的玫瑰花色诱人，非常适合立即制成玫瑰酱。如果不能立即制作，可以把花冠装入密封袋中，暂时放入冰箱中保存，只要在当日内完成制作即可。

2.剪掉靠近花萼的花瓣根部

摘下的花瓣需要把根部带苦味、发涩的部分剪掉。将剪好的花瓣倒入盛满水的盆中轻轻地搅拌，待洗净后捞出，用厨房纸吸干上面的水分。

3.揉搓8分钟左右，让花瓣出水

将洗净的花瓣放入盆中，淋上柠檬汁，使劲揉搓4分钟左右，待花瓣出水后，继续揉搓4分钟，之后轻轻地挤干花瓣上的水分，然后将挤出的花瓣水放置一边备用。注意一定要揉搓8分钟左右的时间，若是揉搓时间不足，玫瑰酱制成后的口感、香气、色泽就不会好。

4.熬煮花瓣，加入花瓣水后静置

将挤干水分的花瓣放入锅中，加入白砂糖和水，用中小火煮20分钟左右关火。待其冷却后加入花瓣水，静置1小时，然后重新开火煮沸便完成了。（加入花瓣水是使玫瑰酱色泽漂亮的秘诀）

品种不同，玫瑰花瓣的味道也不同

古典玫瑰和英格兰玫瑰的花瓣厚度不同，所以摘几朵同样大小的花，克数却相差一倍。古典玫瑰花瓣薄，将它放入盆中待揉搓时，捧在手中，花瓣就会如羽毛飞舞一般浮起。做成玫瑰酱的古典玫瑰入口时口感更柔和，而花瓣较厚的英格兰玫瑰口感松脆，嚼起来咯吱咯吱的。建议大家栽培多个品种的玫瑰，变换配料比，探寻自己喜欢的口味。

玫瑰酱酸奶

将玫瑰酱抹在面包上，加在酸奶或冰激凌中食用。花香浓郁，味道突出。

玫瑰酱面包

将几种古典玫瑰制成的玫瑰酱放在面包上。

无农药培育玫瑰，自己制作玫瑰酱

鸟取县的面谷瞳女士在自家院内种了数个品种的玫瑰，从不喷洒农药。她说："我的玫瑰没有打过农药，最适合制作玫瑰酱。虽说用院中的草莓做果酱也不错，但当我看到大量收获的玫瑰时，突然就产生了做玫瑰酱的想法。于是我请教了做过玫瑰酱的朋友，尝试之后，玫瑰酱的花香和美丽的色泽竟让我深深着迷。通过制作玫瑰酱，我还了解了多个品种的玫瑰花的知识呢。"

6月

当月节日与活动

入梅

父亲节

夏至

换夏装

插秧

观萤火虫

吃鲇鱼

夏越大祓祭[1]

当月特色植物

绣球花

梅

杏

樱桃

唐棣

雪山八仙花

醋栗

1.日本各地神社于每年6月30日举行的祭典，旨在驱除人们的罪恶与污秽，去除灾厄，祈求平安顺遂。——译者注

初夏铺着石子的庭院里，藤椅的一旁，紫色的薰衣草散发着淡淡的香气。

6月盛开的园艺花卉

地栽

盘托绒花

花期：5—6月　宿根草本

芍药科芍药属

地栽 | 盆栽

丛生风铃草

花期：5—7月　多年生草本

桔梗科风铃草属

地栽 | 盆栽

绵毛水苏（羊耳朵）

花期：5—7月　多年生草本

唇形科水苏属

地栽 | 盆栽

西洋耧斗菜

花期：5—6月　多年生草本

毛茛科耧斗菜属

地栽 | 盆栽

路边青

花期：5—6月　多年生草本
蔷薇科路边青属

地栽 | 盆栽

黑种草

花期：6—7月　一年生草本
毛茛科黑种草属

地栽 | 盆栽

大花葱

花期：4—6月　多年生草本（球根）
石蒜科葱属

地栽 | 盆栽

长叶百里香

花期：5—7月　多年生草本
唇形科百里香属

地栽 | 盆栽

毛剪秋罗

花期：5—7月　多年生草本
石竹科剪秋罗属

地栽 | 盆栽

姬金鱼草（柳穿鱼）

花期：5—7月　一年生、多年生草本
车前科柳穿鱼属

地栽 | 盆栽

钓钟柳

花期：6—7月　多年生草本
车前科钓钟柳属

地栽 | 盆栽

绣球（紫阳花）

花期：6—9月　落叶灌木
绣球花科绣球属

地栽 | 盆栽

屈曲花（蜂室花）

花期：4—6月　一年生、多年生草本
十字花科屈曲花属

6月的园艺生活

一说到6月，大家必然会想到梅雨季。一旦进入梅雨季，即便是想打理庭院，也会因阴雨天气多而无法进行。而此时的植物却生长旺盛，等待着我们去修剪、养护。为了防止它们在盛夏时生长过于繁茂，需要在合适的时间完成修剪，这样做可以促进它们更好地生长。

6月，也是多种果实成熟的季节。收获果实后若不立即处理或保存，就会浪费来之不易的劳动成果。因此，让我们找个晴天，赶紧开始6月的园艺生活吧。

a.趁着梅雨季，进行扦插
b.摘除玫瑰残花并修枝
c.摘除铁线莲残花并修枝
d.采收浆果
e.修剪绣球
f.疏剪香草，防止因闷热而干枯
g.摘除圣诞玫瑰残花
h.清除杂草
i.自制堆肥

a.

趁着梅雨季，进行扦插

6月的空气湿度较大，所以扦插成活率较高。有些植物只要把花枝放入含有生根剂的水中，便很容易生根。容易生根的植物有绣球、迷迭香、鼠尾草、薰衣草等。大家可以尝试一下扦插繁殖。

b.

摘除玫瑰残花并修枝

玫瑰从5月上旬开始开花，等到6月时，开花早的品种已经开败，而晚开花的品种也要结束花期了。所以要想玫瑰以后长得好，这个时候摘除残花很重要。从凋谢的枯花处往后数2到3个枝节剪下，这样做既保证了株形美观，也能保证四季开花品种的二次开花。但只开一季的古典玫瑰、蔓生玫瑰，只摘除残花就行，不需要剪枝。

c.

摘除铁线莲残花并修枝

铁线莲品种众多，花色、花形也是多种多样。虽然在6月铁线莲的花期还没结束，但一旦有了残花，就需要将其一个个摘掉。如果对残花放任不管的话，铁线莲就不会再开花了。通常深受人们喜爱的铁线莲品种有“紫罗兰之星”“戴安娜王妃”等。开花后在残花自然掉落前，从花株底部将其剪断，便会长出新的植株，等到秋天我们就能再次欣赏到漂亮的铁线莲花了。

d.

采收浆果

6月唐棣、蓝莓、树莓等相继成熟，为避免红彤彤的果实被鸟儿抢先吃掉，我们需要赶在清晨或傍晚的时候到院中采摘浆果。这个月，樱桃也渐渐成熟，但由于樱桃怕雨水，所以我们可以等其颜色变红后，找个晴天采摘。

e.

修剪绣球

绣球在梅雨季迎来盛花期，待花开败后就要立即剪枝，这是因为立即剪枝有助于来年的花芽分化。虽然夏季的绣球枝繁叶茂，但是到了秋天再剪枝的话，次年开花量就会减少。这得多让人失望啊！因此在花朵凋谢前，赶紧修剪绣球。

f.

疏剪香草，防止因闷热而干枯

伴随气温升高，香草会快速生长，在梅雨季到来前，要进行一次疏剪。疏剪后，枝条会变得稀疏，更利于通风透气，有助于夏季过后香草的生长。迷迭香等要从根部剪掉一些枝条。薄荷、百里香等从底部向上10 cm处修剪枝条。特别是直立生长型百里香（见下图），为避免其枝叶过长，需要经常剪枝，否则百里香会从内侧逐渐干枯。这些香草生长旺盛，在梅雨季结束时，会再次长出新芽。剪下来的枝条，我们可以用来做饭、泡澡，也可以拿来扦插。

g.

摘除圣诞玫瑰残花

圣诞玫瑰的花就是其萼片。因此即使是花期后，花瓣也不会凋谢，会一直留在花枝上。但是一直置之不管的话，圣诞玫瑰就会结出种子，使植株变弱。建议最好在6月底前采集完种子，不采集的话，就要在五六月份前摘除残花。

h.

清除杂草

梅雨季时，杂草在雨水的浇灌下会长得特别快。清除杂草可以起到预防病虫害的作用。因此找个不下雨的时间，仔细地拔掉杂草吧。

i.

自制堆肥

把修剪下的花枝、拔掉的杂草堆在庭院或菜园的一角，可以用来制作堆肥。在杂草堆里掺上油渣进行腐熟堆肥，再时常浇些水，可以加速发酵。用自己制作的堆肥种菜，种出的菜更鲜美。当然也可以把堆肥用到花坛里种花。

不畏酷暑，夏季绽放的 8 种花卉

近年来，日本夏天的气温连年升高，不少时候都超过了35 ℃，有时的报道甚至称超过了40 ℃。这么高的气温，比位于热带地区的印度尼西亚、马来西亚都热得多，快赶上撒哈拉沙漠周边城市的气温了。对于那些种在室外接受阳光直射的植物来说，整个夏季都是高温酷暑的日子。大多数植物都害怕酷暑，但也有些一年生草本花卉不怕酷暑，在夏天开花的。我在这里向大家介绍8种这样的植物，在春季、初夏种植的话，它们能一直花开到秋天。让我们在花盆中、庭院里栽种下这些颜色清爽、外形美丽的花卉，给庭院带来清凉舒爽和独属于夏季的亮丽风景吧。

延长花期的窍门

这些一年生草本花卉，花期差不多都能有半年以上。因为开花特别消耗养分，影响植株体力，所以最好每个月施1次缓效肥料，每周喷洒1次液体肥料。特别是盆栽，千万不要忘记给它施肥。需要注意的是，盛夏时植株虚弱，不宜施肥。

1　4、5　7　2　3　6　8

1 长春花(小花型)

特征: 长春花原本就耐热，近年来又出现了更耐高温、体格强健的小花型改良品种。长春花的花小，非常适合做夏季混栽的花材。其中三得利花卉公司改良出来的“仙女之星”系列、M&B FLORA公司栽培的“迷你夏日”系列都曾在日本花卉品评大会上获年度最佳奖，广受园艺家的好评。

养护: 枝条过长后需要剪枝，定期修整株形。

株高: 约20 cm

2 超级矮牵牛

特征: 一提到夏季最具代表性的一年生草本花卉，就不得不提到超级矮牵牛了。超级矮牵牛是比一般的矮牵牛更耐强光、抗盛夏直射光照、抗闷热的强健品种。超级矮牵牛耐低温，花可以从早春一直开到晚秋。其植株恢复能力强，即使受损伤，也能很快恢复。

养护: 普通矮牵牛若不摘心，茎叶过长，则只有茎顶端会开花。而超级矮牵牛不需要摘心，它会自己分枝，所以花开得又多又密，能一直保持整齐的株形。

株高: 约30 cm

3 大戟属“烟雾钻石”

特征: 大戟属“烟雾钻石”从春季到霜降前，都会开着蓬松的小白花，且植株会越长越大，适合跟任何花草搭配，尤其适宜栽种在花坛前部等不想露土的地方。

养护: 无须摘除残花和摘心，不需要精心养护，只需浇水就会开花。

株高: 约40 cm

4 彩星花

特征: 彩星花属于夏季开花的一年生草本花卉，花朵如繁星一般，叶子狭长，给人一种轻盈的感觉。花色除了紫色外，还有红色、粉色、蓝色、浅蓝色等。初夏开始开花，然后横向生长，盛花期时能在地上长出一片花毯。

养护: 盛夏时基本不结花苞，在这一时期进行修剪，花可以一直开到秋季。

株高: 20～40 cm

5 半边莲

特征: 半边莲开蓝色的小花，上面两片花瓣，下面三片花瓣，花姿如蝴蝶。有宿根草本与一年生草本两种，其中，由三得利花卉公司改良出来的半边莲“Azzurro Compact”，更耐热，从3月下旬至11月，即便不修剪、不管理，也会花开满株。

株高: 约20 cm

6 雨地花

特征: 图6是名为“Scarlett”的玄参科雨地花属的一个品种。小花花径为2.5~3 cm，花心呈黄色，五片花瓣呈亮红色，红黄对比之下，小花格外引人注目。雨地花呈横向匍匐式生长，不管是栽种在庭院中，还是栽种在花盆里抑或是长在斜坡上，其花量常常多得爆盆。品种“Scarlett”比普通的雨地花更耐热，将夏季的庭院点缀得更加亮丽。

养护: 株形杂乱后，适度修枝。分枝长大后，株形短时间内能保持齐整。

株高: 20~40 cm

7 蓝花鼠尾草

特征: 蓝花鼠尾草，学名“Salvia farinacea Benth”，蓝紫色的穗状花序，与薰衣草非常相似。从初夏盛开到晚秋，给庭院带来满满凉意。除左页图的蓝紫色之外，也有开浅蓝色、白色花的品种。

养护: 开花时间较长，期间可能出现结花能力稍微变弱的情况，剪枝后可恢复。

株高: 约60 cm

8 百日菊

百日菊丰盛系列“Zinnia Profusion”

特征: 百日菊又名百日草，在夏季炎热时能长时间开花。其中，品种“梦境”最耐高温，即使不剪枝也能较好地分枝，且能茂盛生长。花色有橙色、红色、粉色等。不需要摘除残花，也不需要精心养护。百日菊植株低矮，一般栽种在花坛边缘。

株高: 约20 cm

百日菊 “条纹薄荷糖”

特征: 如果想要种植一些有个性的花卉，推荐你种植百日菊“条纹薄荷糖”，这种花瓣上带有条纹的时尚、富有个性的完全重瓣型花，美得连画笔都无法描绘。每朵花的条纹都不同，每次开花都特别让人期待。有些植株高大的百日菊“条纹薄荷糖”花茎竟长达10 cm，存在感强烈。这种花苗在市面上卖的不多，需要在4—5月自己播种育苗。

养护: 花败后摘掉残花，以促进侧芽生长，有助于多次开花。

株高: 约70 cm

栽培洋甘菊，进行草木染

德国洋甘菊的栽培要点

德国洋甘菊在春季和秋季均可进行播种和定植。将幼苗定植在光照充足、排水良好、土壤肥沃的地方。需要注意的是，土壤不能过于干燥。自己育苗的好处是可以提早收获。

注意： 对菊科植物和豚草过敏的人，在栽培、使用洋甘菊时要特别注意。

洋甘菊草木染的方法

洋甘菊草木染是通过使用促进上色的媒染剂来染出不同的颜色。如使用明矾时，可染出明黄色；使用木醋酸铁溶液※时，可以染出卡其色等素雅的颜色。

上图为田野里一片可爱的洋甘菊。用刚采摘的洋甘菊泡茶、染布，可以享受园艺生活给我们带来的乐趣。

洋甘菊的代表品种有属于一年生草本花卉的德国洋甘菊和属于宿根草本花卉的罗马洋甘菊。这里要介绍的是德国洋甘菊，株高30～60 cm，花朵约一元人民币硬币大小。白色的小花从春季开到初夏，中央的黄色花蕊会逐渐隆起并有明显凸出，白色花瓣向外翘，等到来年的时候，掉到地上的种子会自然发芽。

※ 木醋酸铁溶液即含有铁锈成分的木醋酸溶液，是日本常用的草木染媒染剂之一。——译者注

花材： 德国洋甘菊

可以从自家院中采摘的一大锅德国洋甘菊。（干香草也可以。如果家里没有栽种德国洋甘菊或其他香草的话，也可以使用市面上出售的德国洋甘菊）

材料： 女士长围巾（素色）、明矾（或木醋酸铁溶液）

丝绸和含化纤成分的轻薄布料最容易上色。图片中染好色的长围巾是棉、丝绸、尼龙等的混纺。

❶ 将长围巾放入盛满水的容器中，准备草木染。

❷ 用直径较大的锅烧水，将德国洋甘菊放入烧开的水中。水温80 ℃以上煮20分钟左右，煮到水变成茶色。

❸ 找一个盆或者另用一个锅，在上面放一个网眼很细的过滤筛。

❹ 将煮好的水倒入过滤筛，过滤出洋甘菊的花、茎、叶。

❺ 将拧干的围巾浸泡在洋甘菊染液中，水温80 ℃～100 ℃加热15 分钟左右，边加热边用筷子搅动。煮的时间越长，布的颜色越深。大家可以根据自己的喜好，确定煮围巾的时长。

❻ 取出围巾，先在清水中多涮洗几次，再用流水搓洗。拧干围巾，准备第二次漂染。

❼ 2 L水中加入1.5 g明矾。先用100 mL水化开明矾，然后在盆中倒入2 L水调制出明矾溶液。（如果要染成卡其色的话，需要使用2.5 mL木醋酸铁溶液）

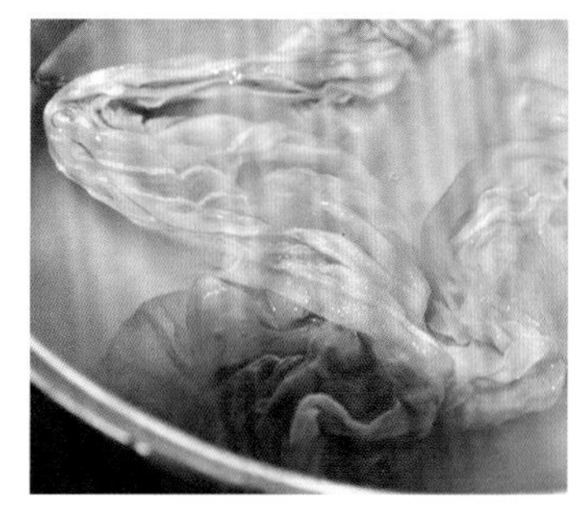

❽ 将围巾浸泡在明矾溶液中，用筷子慢慢搅动5~7分钟。等想要的颜色染出后，取出围巾。

❾ 将围巾从明矾溶液中取出，用流动的水搓洗。如果想要更深的黄色，重复操作步骤❻～❽，进行二次彩染。最后洗掉浮色，拧干围巾，等待围巾自然晾干。

生活中巧用洋甘菊、迷迭香等香草

新　县香草时节生态园会定期举办讲座，教大家学习无农药栽培以及如何安全使用香草。其中教授洋甘菊彩染的是永岛节子女士。她在读《绿山墙的安妮》时，深深迷上了文中出现的洋甘菊、迷迭香等香草，随后便取得了NPO法人日本香草协会组织的高级导师的资格证书。自此她真正地跟香草打起了交道。“我会推荐家人在泡澡时放入自己种的洋甘菊，他们在使用后，都说有促进睡眠的效果。于是我从中受到启发，开始研究如何利用香草缓解肉体和精神上的不适。”永岛节子女士说道。

将小巧的唐棣果榨成果汁

唐棣果又称“六月浆果”，果如其名，它是种果实在6月成熟的落叶小乔木。其枝叶华丽，树姿迷人，在每年的4月开大量的小白花，因此常被用作装饰纪念树、庭院的象征树。唐棣的果子成熟后，呈红色，可直接食用，也可做成美味的果酱、果汁。建议大家自己栽种唐棣树，可以品尝店铺里买不到的时令水果——唐棣果。

唐棣的栽培要点

唐棣属于蔷薇科唐棣属植物，原产于北美洲，具有不怕寒暑的特性。自然树高5 m左右，可以通过每年剪枝，控制其生长。需栽种在光照充足、排水较好的地方，地栽一般无须浇水，如遇盛夏干旱时，可根据具体情况适量浇水。

2月撒些缓效有机肥。使树形保持自然状态，除了剪枝控制树高外，生长过密的地方还需要进行疏枝以促进通风。

可直接食用的美味

唐棣果成熟后会变成红褐色。将唐棣果洗干净，再切些同时期成熟的山樱桃一同装点在奶酪、冰激凌或蛋糕上，外观时尚的甜点就完成啦。用这道甜品来招待客人，他们一定会惊喜地询问：“这是什么果子啊？好可爱！”因此，如果你想给客人惊喜，可以制作这道甜点。

喝果汁过夏天

若想长时间都能品尝到唐棣果，推荐大家把唐棣果制成唐棣果浆。果浆可以冷冻保存，做多了也不怕。可以将果浆分成几部分分别冷冻在冰箱里，在炎热的夏季慢慢品尝。例如在玻璃杯里倒上水、果浆，再加上一些气泡水，一杯美味的唐棣果汁就制作完成了。它具有令人赏心悦目的紫红色、沁人心脾的酸甜口感，最适合在闷热的夏季饮用了。

果浆的做法

材料：唐棣果以及等量的水、柠檬汁适量、白砂糖适量

❶ 在锅中放入洗好的唐棣果并加入等量的水，用中火加热。
❷ 水开后，将唐棣果煮烂，关火，静置冷却。
❸ 用过滤筛过滤掉种子和果皮。
❹ 将过滤后的果浆重新倒入锅内，加入白砂糖、柠檬汁，煮沸。

唐棣用来制作插花花束，也很可爱！

神奈川县的前田满见先生家，庭院里栽种着一棵树龄超过10年的唐棣树。5月下旬至6月上旬，一大早就可以听到白头鹎的叫声，这是鸟儿们发出的唐棣果实成熟的信号，我们要赶紧收获唐棣果以防被鸟儿抢先啄食。唐棣的枝条上挂满了红彤彤的、新鲜的果子，煞是漂亮，剪下一整根枝条摆在房间里，成了每年例行的趣事。需要注意的是，要尽可能地将枝条自然地插在有一定高度的玻璃花器里。微风拂过，枝条随之摇摆，别有一番初夏的风姿！

JULY 7月

当月节日与活动

出梅

开海

解除封山

土用丑日（鳗鱼节）

酸浆市集

当月特色植物

罗勒

薰衣草

牵牛花

黄瓜

茄子

番茄

莲藕

睡莲

用盛水果的木箱制作的白色香草架上摆放着留兰香、菠萝、薄荷、牛至盆栽，外侧挂着几束薄荷。

7月盛开的园艺花卉

地栽 | 盆栽

百合

花期：5—7月（品种不同，花期有异）
多年生草本（球根）
百合科百合属

地栽 | 盆栽

加勒比飞蓬菊

花期：5—11月　多年生草本
菊科飞蓬属

地栽 | 盆栽

落新妇

花期：5—7月　宿根草本
虎耳草科落新妇属

地栽 | 盆栽

大滨菊

花期：5—7月　多年生草本
菊科滨菊属

地栽 | 盆栽

羽衣草（斗篷草）

花期：5—7月　多年生草本
蔷薇科羽衣草属

地栽 | 盆栽

唐菖蒲（剑兰）

花期：6—10月　多年生草本（球根）
鸢尾科唐菖蒲属

地栽 | 盆栽

假荆芥

花期：4—10月　宿根草本
唇形科荆芥属

地栽 | 盆栽

大星芹

花期：5—7月　多年生草本
伞形科星芹属

地栽 | 盆栽

百子莲

花期：5—8月　多年生草本（球根）
石蒜科百子莲属

地栽

蜀葵

花期：6—8月　多年生草本
锦葵科蜀葵属

地栽 | 盆栽

萱草

花期：5—8月　宿根草本
百合科萱草属

地栽 | 盆栽

西番莲

花期：5—10月　常绿藤本
西番莲科西番莲属

地栽

黄栌

花期：6—8月　落叶乔木
漆树科黄栌属

7月的园艺生活

进入7月，春季到初夏开的花几乎都凋谢了，庭院里一派夏季的景象。虽然天气炎热，但摘除残花、收割蔬菜、除草等活动也让人忙个不停。尽量选择在气温升高前或傍晚时分工作，工作时要注意预防蚊虫叮咬、防晒，还要注意不要中暑。

a.早上浇水
b.补种蔬菜苗
c.采摘夏季蔬菜
d.采收毛地黄种子
e.矢车菊的养护
f.制作黑种草干花
g.采摘浆果
h.盆栽花卉的防暑措施

c.

采摘夏季蔬菜

番茄、茄子、黄瓜、西葫芦和苦瓜相继成熟。其中，茄子和黄瓜在成熟后，植株变弱，采摘间隔会变短。每天或隔一天看一看，摘下成熟的蔬菜。而西葫芦如果一直不摘，会越长越大，所以在长到20～30 cm的时候，就必须采摘了。苦瓜则要趁嫩的时候进行采摘。

a.

早上浇水

请记得给盆栽植物浇水。夏季浇水宜在早上进行，随着气温的上升，花盆内的水温也会随之升高，植物就会容易烂根。因此最好是在气温还不高的早上浇水，让根吸收水分。

b.

补种蔬菜苗

虽说当前是采摘夏季蔬菜的时候，但是秋天要吃的茄子、黄瓜及南瓜，都需要现在进行定植。其中茄子和黄瓜一般是按照每两口人种一棵菜的比例种植。

d.

采收毛地黄种子

初夏庭院里长势喜人的毛地黄凋谢了，只留下长长的花穗。几天后，整个植株就会枯萎成茶色。在7月中旬前将毛地黄收割完毕，采摘下豆荚，豆荚里面是满满的种子。保存好这些种子，等9月的时候，播种在庭院或花木箱里。

e.

矢车菊的养护

五六月份，庭院里矢车菊在此时结束了花期。花枯萎后，整个植株会伏倒在地上，此时的园景就会显得杂乱无章。可以将枯萎的矢车菊拔掉，堆在庭院的某个角落处用于堆肥的制作（请参照本书第33页）。

f.

制作黑种草干花

黑种草英文名为“love-in-a-mist”，茎高40 cm左右，茎顶端开白色或天蓝色的花，花上有“触须”。花期为每年的5—7月，待花茎略微枯萎后剪下，可用来装点室内空间。在开花后会结出圆形球果。球果里面含有大量的种子，倒吊在室内，可以加快催熟。果实发出咔嗒咔嗒的声音，裂开后种子就会散落在地板上。等到9月才播种的种子，可先用信封收集保存起来。

g.

采摘浆果

6—7月能收获黑莓、红醋栗、树莓等浆果。如果采摘得太多吃不完的话，我们可以将其制成果酱、果酒保存。

黑莓酒

摘下还没有完全成熟的黑莓用来制作果酒、果酱。黑莓酒的做法和梅酒的做法相同，在烧酒中加入水、白砂糖、黑莓，放置一年，也可以用白兰地代替烧酒。

红醋栗果酱、果酒

红醋栗在生吃时口感不佳，但加热后味道就好多了，加入白砂糖一起煮，就可以制作成甜中带酸的美味果酱。此外，也可以用酿黑莓酒的方法酿造出红醋栗果酒，多放置几年，可以让果酒充分发酵成熟，这样的酒会更好喝。

h.

盆栽花卉的防暑措施

盆栽植物如果长时间接受阳光直射的话，有时就会烂根。因此我们要采取一些防暑措施，比如将它们搬到阴凉的地方或是将花盆放进一个大一圈的花木箱里等。

香草女王薰衣草

薰衣草长长的紫色花穗随风摇曳，散发出清爽、甘甜的香气。它美丽迷人，其香味在香草中也是格外独特、富有魅力，被人称为“香草女王”。

薰衣草的花穗由50~80个小花聚合而成，从底层起按顺序往上开花，2周左右结束花期。

在所有的花盛开后，植株会变弱，建议大家尽快收割，将其制作成干花。可以把薰衣草花束倒吊在房间内当作室内装饰，也可以把少量干花粒放在茶壶中，注入热水，沏一杯时尚的薰衣草茶。薰衣草的香味有缓解内心不安、抑郁，促进睡眠的作用，所以大家一定要尝试缝制一个装满薰衣草干花粒的香囊或枕头。（请参照本书第48—49页）

薰衣草的栽培要点

薰衣草属于唇形科多年生常绿灌木，喜欢充足光照和通风、排水良好的土壤。栽种在酸性土壤中会发育不良，需要用镁石灰中和土壤酸度后再进行种植。一串花穗上三分之一的小花都盛开后，就可以剪下花穗，制成干花。秋末收割完薰衣草后，还要为第二年开花做准备工作，此时需要在植株底部施肥，在春季冒芽前还要再次施肥。

在薰衣草栽培史研究专家冈崎英生先生的急救箱里，常备着北海道富良野产的100%纯天然的薰衣草精油和法国产的由日本芳香环境协会（Aroma Environment Association of Japan）认定的精油。

生活中常用到的精油

精油是制作香水、化妆品的重要原料之一。泡澡时，在水中加入两三滴精油，就可以舒舒服服地泡一个香喷喷的澡。蒸馏花穗可以提取出薰衣草精油。薰衣草精油具有强抗菌和抗病毒、镇痛的作用，在割伤、烫伤或被蜜蜂叮咬时，将其涂抹在伤口处，有减轻疼痛、加快伤口愈合的功效。

各品种薰衣草

狭叶薰衣草

狭叶薰衣草别名薰衣草、真薰衣草、英国薰衣草，株高约40 cm。狭叶薰衣草中的北海道“冈紫”“浓紫3号”系列害怕夏季高温多湿的环境，所以不适宜栽种在日本关东平原地区。

宽窄叶杂交薰衣草

宽窄叶杂交薰衣草是狭叶薰衣草与穗薰衣草的杂交品种，株高约80 cm。宽窄叶杂交薰衣草的香味与众不同，富含樟脑成分，有防虫效果，不适合用于助眠。

法国薰衣草

法国薰衣草的特征是花开像兔子耳朵，株高约80 cm。耐夏季高温，易栽培，耐寒性略差。法国薰衣草植株强健、外形可爱，且香味不浓郁，常用于点缀花坛。

装饰　薰衣草

用薰衣草缝制一个助眠的枕头

开蓝紫色的花，散发出甘甜、清爽香气的薰衣草，在7月开得最为艳丽。这时把庭院里开花的薰衣草晾干，缝制一个助眠的枕头，在床上一边闻着淡淡的薰衣草香一边深呼吸，不知不觉地就会进入梦乡……大家之所以会有这种可喜的体验，要归功于薰衣草这种植物。

一个薰衣草枕头差不多可以用2个月的时间。因为香气一旦遇到空气就会挥发，待香气变弱之后，就需要换一个新的枕头。此外，洋甘菊、香茅、陈皮、玫瑰等也具有稳定情绪的镇静作用，建议大家根据自己的心情替换使用。当然除了枕头外，我们可以根据喜好缝制薰衣草香囊，送给朋友或自己使用。

选择有助眠作用的香草品种时，关键是要感到舒适。因其他原因而选用的香草，不会对自己产生很好的助眠效果，一定要找到能让自己内心感到舒畅惬意的香草。

薰衣草枕头的缝制方法

花材：干薰衣草（15 g）
材料：布料（28 cm×32 cm）、空高汤包或空茶包3个
缝好的尺寸：10 cm×30 cm

薰衣草香气的作用

薰衣草清冽的香气来源于乙酸芳樟酯、芳樟醇等芳香成分。它们具有舒缓紧张不安情绪和镇静的作用，适用于神经性疲劳、压力性胃痛、偏头痛等病症。晚上就寝前，闻一闻薰衣草，有助于安然入眠。

❶ 将称好的干薰衣草分成3份，分别装进3个空茶包中，为防止花粒跑出，需要用别针别住茶包口。

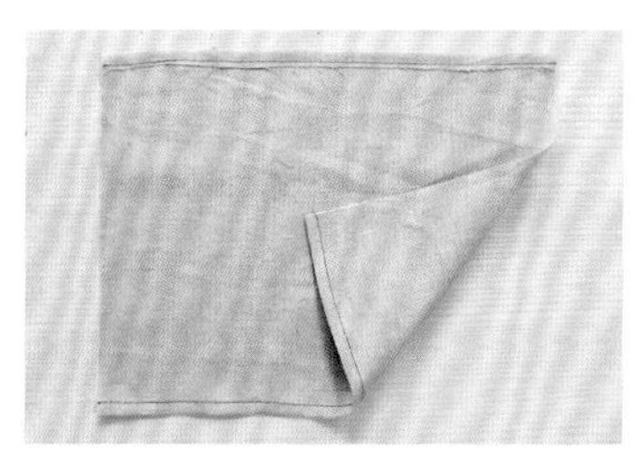

❷ 将布料的上下边（长边）各向里折叠1 cm宽度，锁边。

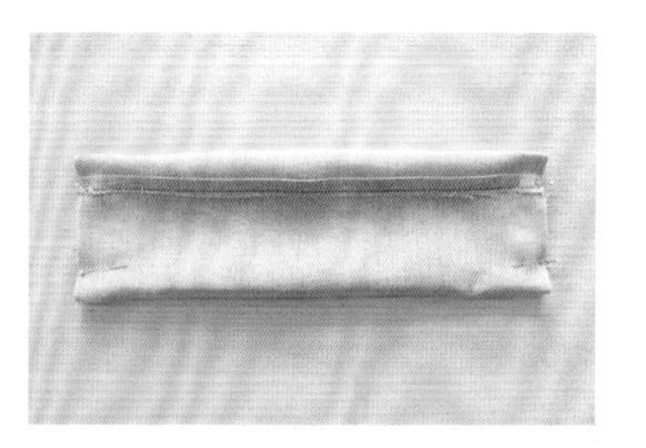

❸ 将布料如图折叠，左右各留出1 cm边距并缝住。

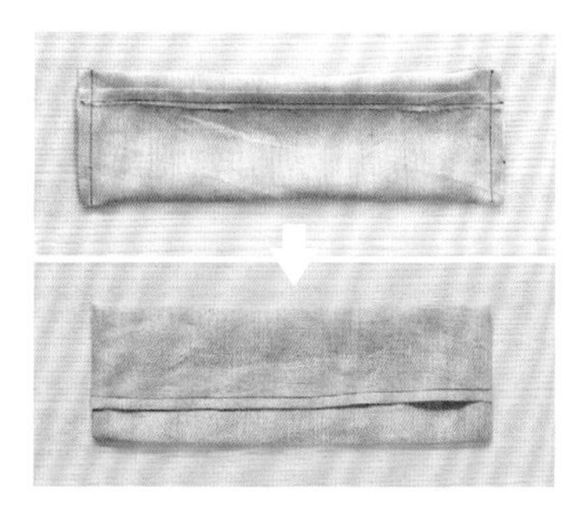

❹ 缝好两边之后，将布掏回来。

❺ 为固定薰衣草包，将每个薰衣草包的四边再缝两道线。

❻ 将3个薰衣草包装入枕头，完工！布料可以洗净后重复使用。枕头的厚度可用香草量来调整。

注意：虽说香草对人体健康有益，但是孕产妇、正在接受治疗的病人、体质较差的人，不宜使用香草。在使用前，请咨询医生。注意香草并非药品，如果身体感到不适，请务必及时就医。

栽种香草，在生活中体验园艺疗法

栽培一些香草、时令植物，在享受丰收喜悦的同时还可以用植物来促进身心健康，这种行为就被称为“园艺疗法”。一说到园艺疗法，大家想到的就是在庭院里工作。除了栽种植物之外，我们还可以在生活中更为有效地利用自己种植的植物。例如用身体摄取香草香气等方式来提高效用。提出园艺疗法的堀久惠女士在主持《花音森林》时介绍道：“香草能加工成食品及生活中使用的手工艺品，这就是香草的魅力之一。我们总觉得不知道该如何进行园艺疗法，总觉得它很难、门槛太高，那就让我们从缝制薰衣草枕头开始，走进园艺疗法吧。”

“魔法”花卉饮品

大家有没有用香草做过将清水变出艳丽色彩的实验？有些香草本身对人身体有益，我们可以一边用其做变色小实验，一边美美地饮用。藤本植物蝶豆和宿根草本植物锦葵就属于这样的香草。夏季用它们沏一杯颜色漂亮的花茶，在小朋友或客人面前表演变色实验，能很好地活跃气氛。

蝶豆的栽培要点

蝶豆在江户末期传入日本，但实际上它的栽培历史非常悠久。蝶豆原产于热带地区，属于多年生藤本植物，一年四季均可开花。但耐热怕寒的蝶豆，在日本却被当成了一年生藤本植物。它不怕炎热夏季，在酷暑中也能顽强生长，6—10月间可不断开出蓝色的小花。蝶豆能攀爬4 m左右，适合攀爬在栅栏、篱笆上生长。蝶豆花晾干后可以制作成花茶饮用。

“魔法”花卉饮品①

深蓝色的诱惑

“深蓝色的诱惑”的做法是在蝶豆花茶中加入牛奶。做好后的“深蓝色的诱惑”呈深邃的蓝墨色，色彩极其娇艳迷人！在蝶豆花原生的东南亚地区，泰国和越南自古以来就有饮用蝶豆花茶的习惯。在泰国和马来西亚，还有一种用蝶豆花泡的水蒸煮大米而制成的传统美食“蓝花饭”。

蝶豆花呈现的蓝色源于花青素，溶解到热水中会变成鲜艳的蓝色，遇酸呈红色，加入柠檬会顷刻间变为紫色。花青素是抗氧化物质多酚的一种，其颜色鲜艳浓烈，有美容、促进健康的功效，近年来，越来越受到人们的喜爱。

“魔法”花卉饮品②

宿根花卉：锦葵

将干锦葵花放入茶壶中，注入开水后，水会变成漂亮的蓝紫色。这种蓝紫色来自一种花青素，在加入柠檬汁后颜色会发生变化。锦葵花有治疗咳嗽、痢疾和失眠的功效，在古希腊时代的欧洲就深受人们的喜爱。

挤入柠檬汁后的锦葵花茶，变成了漂亮的粉红色。

栽种后，年年开花的锦葵

锦葵在夏季时会开漂亮的紫红色花朵，也是一种可以玩变色实验的花卉。虽说它与在田野间开出鲜艳花朵的蜀葵同属于锦葵科，但与蜀葵相比，它开的花更小，花色也更鲜艳浓烈。锦葵花一般上午开放，下午凋谢，单朵花只能开放一天，所以需要在早上采收。作为宿根草本植物，锦葵生命力强，栽种之后，能自己旺盛生长，植株逐年变粗，3年后需分株栽培。

夏天的露台变为家庭菜园。这里光照充足，种有小西红柿、辣椒、百里香、鼠尾草等。

8月

当月节日与活动

暑假

盂兰盆节

花火大会

骤雨

预防中暑

露天啤酒节

五山送火[1]

当月特色植物

薄荷

紫薇

西瓜

毛豆

向日葵

木槿

万寿菊

百日菊

1.每年8月于京都举行的仪式，期间在环绕京都的五座山山腰点燃篝火。——译者注

8 月盛开的园艺花卉

地栽 | 盆栽

牵牛（牵牛花、喇叭花）

花期：7—10月　一年生草本
旋花科虎掌藤属

地栽 | 盆栽

蓝刺头

花期：6—8月　宿根草本
菊科蓝刺头属

地栽 | 盆栽

小花矮牵牛

花期：4—11月　一年生草本
茄科舞春花属

地栽

柳兰

花期：7—8月　宿根草本
柳叶菜科柳叶菜属

地栽 | 盆栽

碧冬茄（矮牵牛）

花期：3—11月　一年生草本
茄科矮牵牛属

地栽 | 盆栽

刺芹

花期：6—8月　多年生草本
伞形科 刺芹属

地栽 | 盆栽

向日葵

花期：7—9月　一年生草本
菊科向日葵属

地栽 | 盆栽

万寿菊

花期：4—12月　一年生草本
菊科万寿菊属

地栽 | 盆栽

紫玉簪

花期：7—8月　宿根草本
天门冬科玉簪属

盆栽

朱槿（扶桑）

花期：5—10月　常绿灌木
锦葵科木槿属

盆栽

飘香藤（双喜藤）

花期：5—10月　常绿藤本
夹竹桃科飘香藤属

地栽

忍冬（金银花）

花期：6—9月　落叶藤本
忍冬科忍冬属

地栽

凌霄

花期：7—8月　落叶藤本
紫葳科凌霄属

8月的园艺生活

8月持续酷暑，这一时期需要特别关注植物的浇水方法和花盆摆放的位置，尤其是那些怕旱、不耐热的植物。我们也可以利用酷暑制作蔬菜干，进行土壤的翻新等活动。开展活动时要注意防晒和预防中暑。即使天气很热，也还是有许多花草需要即时打理。只有从现在着手做，才能在下一季拥有一个美丽的庭院。建议大家除了进行园艺活动外，其他时间尽量待在凉爽的房间里。可以多上一些网购平台，去查阅种子和幼苗的售卖信息。早预订早购买，赢得时机。

a.盛夏施肥，液肥浓度要低
b.控制好水龙带内水的温度
c.炎热夏季不要忘记给地栽植物浇水
d.为预防叶蜱虫害用花洒给叶子喷水
e.春秋型、冬季型的多肉植物进入生长停滞期
f.修剪罗勒
g.修剪夏季草花
h.网上预订热门植物

a.

盛夏施肥，液肥浓度要低

夏季草花在最炎热的时节开花，植株会消耗大量的养分，所以需要每隔一两周施一次液肥以补充营养。不过，盛夏用的液肥最好比平时用的浓度低，如果浓度过高的话，反而会导致植物出现黄叶、枯萎。

b.

控制好水龙带内水的温度

近年来，夏季的炎热程度超出了人们的想象。高温天气会导致水龙带内积存的水温度过高，需先放出一些水，等水温下降后再浇水。早上浇水，最迟也要在8点完成，因为8点之后气温会急剧上升，浇在花盆中的水也会变烫。待太阳落山，气温下降后，可以再浇一次水。

c.

炎热夏季不要忘记给地栽植物浇水

天气太热的话，有的植物自身会发生异变。在日本大多数地栽植物通常是不需要浇水的，但有些地栽植物，如果不浇水的话会枯萎，特别是原产于地中海沿岸的香草，几乎都怕日本高温多湿的环境。如果夜里气温也一直很高的话，植株就会变弱，需要傍晚过后通过给香草四周浇水来降低地表温度。浇水时，要浇透，如果只浇一星半点儿的话，反而会加速水分蒸发。

d.

为预防叶蜱虫害，用花洒给叶子喷水

叶蜱就是长在植物叶子上的蜱虫，它喜欢高温干燥的环境，繁殖能力强，被风吹到哪里，就在哪里繁殖。虫体本身很小，繁殖后所在叶片会发白，严重影响植物生长。对付这种寄生在叶子背面、不喜潮湿的虫子，最好的办法就是用花洒不停地给叶子背面喷水。叶蜱与床品、地毯里繁殖的能引发人过敏的蜱虫不是同一种类。

e.

春秋型、冬季型的多肉植物进入生长停滞期

景天属、拟石莲花属、长生草属、瓦苇属、厚叶草属等春秋季节为生长期的多肉植物在8月会处于生长停滞期，很容易因阳光直射而晒伤，所以要把它们搬到遮光、通风的地方。在生长停滞期内，植物的吸水速度缓慢，要等表土完全干燥后再浇充足的水。冬季为生长期的肉锥花属如生石花以及奇异油柑等现在均处于休眠期，不用施肥和频繁浇水。

f.

修剪罗勒

5—6月播种罗勒种子（请参照本书第20—21页）或7月定植罗勒的幼苗。如果对罗勒长出的花穗放任不管，叶子就会变硬，所以需要摘心来增加腋芽。等到8月至9 月上旬，植株长到距地面 15 cm左右时剪枝。修剪后，枝叶会再次旺盛生长。这样，整个10月都可以采摘罗勒嫩叶。

9月上旬，罗勒枝条猛长，这时剪枝能做两瓶200g左右的罗勒酱。（罗勒酱做法请参照本书第76—77页）

甜罗勒的花穗，不摘花的话，过几天就会结出种子。

剪枝后，腋芽抽出，待长大后可以再次采摘罗勒叶。

g.

修剪夏季草花

碧冬茄、鼠尾草、万寿菊、凤仙花等草花过了8月中旬，植株会越长越杂乱，可以利用这个时机，剪掉其1/3～1/2的茎部。修剪后的一个月内，草花就会再次开花，到了秋天也可以一直观赏。

h.

网上预订热门植物

热着热着，凉爽的秋季很快就要到来了。针对秋季的花卉种植，宿根草本植物、球根植物和玫瑰苗等通常从8月开始接受预订。一些不常见的或是深受人们喜爱的品种常常是先到先得，天凉之后再上网预订的话很可能已经销售一空，所以自己想买的、势在必得的花苗最好在8月就完成预订。

利用酷暑翻新土壤

大家的花盆、花木箱里是不是剩下了很多旧土？这些种植过花草的旧土不能直接使用了，因为里面有很多我们用肉眼无法看到的害虫幼虫、虫卵、病原菌，结成的土块弄碎后，土壤也会变成微尘，若继续使用这些土壤，则植物无法健康生长。不过，我们可以想办法翻新这些土壤。

❶ 去除杂质

晴天时，在塑料布上摊开旧土，拣出里面的枯叶、草根、肥料渣以及花盆底的垫石。用筛子把土筛一遍，筛子眼分为粗网眼、中网眼、细网眼。先用粗网眼的筛子筛出里面的细根、垃圾等。然后把中网眼的筛子和细网眼的筛子套在一起，筛去微尘、沙子等细粒土。细粒土会造成花盆中的根系过于繁茂，所以将其扔掉。只有最后剩在筛子里的土粒能循环使用。

❷ 装入袋中暴晒

用喷壶把土粒全部浇湿后，装入黑色塑料袋，扎紧袋口，放到太阳下暴晒。隔一天翻动一下袋子，保证所有的土都被晒到。在盛夏，用这种方法1周左右就能完成太阳光消毒。

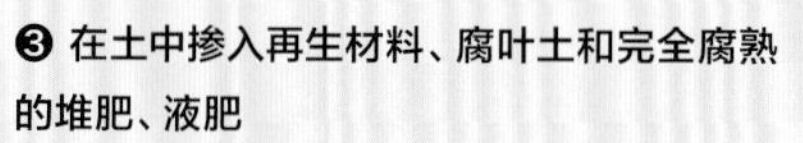

❸ 在土中掺入再生材料、腐叶土和完全腐熟的堆肥、液肥

在消过毒的土里掺入10 %~20 %市面上售卖的陈土再生材料，再加入腐叶土、完全腐熟的堆肥、镁石灰，充分搅拌。这时，掺入一些稻壳炭也不错。这样，不能用的旧土就会变成透气、排水性良好的土壤。

❹ 完成翻新

3周或一个月过后，营养土就制作完成了，就可以用翻新的营养土栽种花草、蔬菜了。

培育　碧冬茄、钓钟柳等

夏季混栽迷人的一年生草本花卉

很多一年生草本植物都会在夏季绽放迷人的花朵，给花园点缀艳丽的色彩，为我们带来无限乐趣。要想在玄关前、庭院内不露痕迹地混栽这些迷人的植物吸引人的目光，重点是选择那些耐热、花期长的一年生草本植物。请按照以下三个要点来工作。

要点1　牢记花卉要向阳生长

使用横向较长的黑色花盆，花色要时尚高雅，各种混栽植物之间要搭配协调。提高混栽档次的诀窍，就是让人观赏到各品种花苗的漂亮株姿以及严格遵照花苗的朝向来栽种。关于“如何选择好的花苗”这一问题，或许有人会建议说“选择茎健壮、长得快的”，然而在混栽上，长得缓慢的花苗反而会在栽种之后协调生长。栽种到花盆里时，要牢记植物向阳生长这条准则，必须考虑花苗的朝向问题。根据花苗朝向种植的与随意种植的花苗，即便是栽种的数量和种类完全相同，混栽完成后的观赏效果也会有很大差距。

采用的花材：上图中的花盆里种有碧冬茄、树莓、串钱藤、肾形草（第58页图片是栽种1个月后的情形）；下图中的花盆里种有超级矮牵牛、蓝眼菊、紫叶茴香。

栽培蓝眼菊时，经常剪枝的话，春、夏两季就都可以观赏到开花的情景了。

要点2　暖色系花卉中点缀冷色系花卉

将暖色系的两个品种的碧冬茄作为主花混栽在15号尺寸花盆中。近年来，日本人越发喜欢素雅的配色，如奶油色等就深受人们喜爱。但是用大花盆混栽时，若只是把朴素的花色单调地组合在一起的话，会降低混栽花卉本身的存在感。这时，就需要增加少量色彩鲜艳、对比强烈的花卉，来凸显混栽花卉整体花色的素雅美。这里为增添浓重的花色，使用的是蓝色电灯花和钓钟柳。通过它们使整个混栽花卉的造型更加引人注目。

采用的花材：碧冬茄“premium collection”（两个品种）、同瓣草、美女樱、蓝色电灯花、钓钟柳。

要点3　中小花盆混栽多用活泼的小花来填空

这是一盆以3种素雅花色的碧冬茄为主花组成的混栽花卉。因花盆容量小，如果增添某种冷色系花色的话，过于明显的浓重颜色会破坏混栽植物的整体色调平衡。于是我们加入白色小花来缓解颜色下沉的状况。用这一片星星点点的小花来填空，承担起调和整体花色的作用。这里使用的是名为粗毛矛豆的小花，常用的还有大戟属“烟雾钻石”和小花型的盾叶天竺葵等。中小花盆混栽时，使用小花型花卉可以很自然地将混栽植物搭配在一起。

采用的花材：碧冬茄（三个品种）、粗毛矛豆、南二仙草属“Wellington Bronze”、紫叶茴香（茴香在夏季会长得很高，一旦长高后就需要进行修剪整形）。

不管有没有庭院都可以欣赏混栽花卉

园艺设计师安酸友昭先生经常在庭院里灵活使用各式花盆进行栽种。他说：“把那些原本种在地里的花卉种在花盆中，通过提高花卉的高度来增添庭院的重点。盆栽更换花卉也更方便，在庭院里摆放几个存在感较强的花盆，庭院的景色就会很容易发生变化。当然如果家里没有庭院又想观赏各种当季花卉的话，最好的办法就是进行混栽。把几个花盆摆放在一起，各种颜色、不同特征的花卉相搭配，整体感就营造出来了。不用频繁购买花卉来更换，选择一些不错的花卉长期培育，这样比较实惠。使用大花盆的话，可以减少浇水次数，修剪养护起来也更轻松。”

鸟取县：面谷宅邸

装饰　绣球花“安娜贝拉”

用绣球花“安娜贝拉”装点室内空间

大家都很喜欢“安娜贝拉”的干花，“安娜贝拉”是一种在庭院里很容易生长的灌木。其在6—7月开花一直开到秋季，最初开的花是黄绿色，随着时间的推移花色会不断发生变化，继而变为纯白色，然后是绿色，是一种极富魅力的花卉。“安娜贝拉”具有优秀的耐寒性和耐热性，根系发达，且植株会逐年增大。在园内栽种一棵，方便自己随时剪枝用来装饰房间，或用来制作花环、花冠等手工艺品。

盛夏暮时，花与微光交相辉映

在提灯微弱的光线下，“安娜贝拉”干花显得格外耀眼。前田满见先生在“安娜贝拉”分枝后，将其扦插在庭院的三个位置，三处“安娜贝拉”成了整个庭院景色的灵魂。他说：“‘安娜贝拉’从盛开的鲜花到干花，无一不美。它是我最喜欢的花木之一。”

“安娜贝拉”的特性及栽培要点

与在梅雨季开放的蓝色、粉色的娇艳绣球花不同，“安娜贝拉”是原生于北美东部的绣球花（乔木绣球的一种），它们最大的差异在于“安娜贝拉”在当年长出的枝条顶端开花，即使冬天剪枝也不会掉花芽。日本从北海道到鹿儿岛均可以在户外栽培“安娜贝拉”，栽种地点宜选在明亮且阴凉的位置。

6月上旬，在铁线莲怒放的庭院里，“安娜贝拉”盛开着黄绿色的花。

6月中旬，“安娜贝拉”盛开的花变为了纯白色。

雨中耀眼的“安娜贝拉”

梅雨季时，“安娜贝拉”的花朵大如大号手球，花上雨水点点，美得不可方物。剪几枝“安娜贝拉”和山绣球花扎成一个大花束，制作过程中，忧郁的情绪会一扫而空。

7月上旬，在天香百合的映衬下，“安娜贝拉”给人一种清爽的感觉。

凉爽的夏季装饰花

天香百合与药百合的盛开仿佛在宣告夏天的到来。而此时“安娜贝拉”再次将花朵染上灰绿色，其看上去蓬松的触感更加适合装饰在屋内。让我们随心所欲地装饰吧。

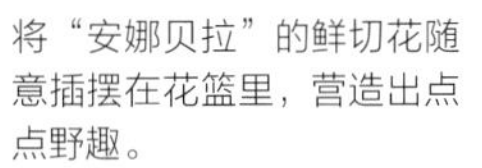

将“安娜贝拉”的鲜切花随意插摆在花篮里，营造出点点野趣。

秋季里将竹筐插满“安娜贝拉”的干花

8月，剪下“安娜贝拉”做成干花（基本不会褪色），可以编成花环、花冠，或是简单地插在玻璃瓶或竹筐里，都十分好看！看着眼前绿色的“安娜贝拉”，内心也变得柔软起来。

清爽的绿色绣球花与透明的玻璃花瓶相搭配，给人一种舒爽的感觉。

薄荷让夏日更清凉

夏季的薄荷郁郁葱葱，枝繁叶茂。修剪生长旺盛的薄荷，也是我们重要的活动之一。如果让其一直开花，叶子就会变硬，所以一旦开花，就说明到了该剪枝的时候。摘下香味浓郁的新鲜薄荷叶，用来制作饮品或作为甜点的顶饰，抑或拿来闻一闻，扫除自己郁闷的心情。10月以后，薄荷叶渐渐枯萎，在这之前将其剪下晒干，泡澡时可以当作入浴剂使用。

薄荷的栽培要点

薄荷是喜水植物，只要注意别让它缺水，它就能茁壮生长。大家更需要关注的是它旺盛的繁殖能力。一株薄荷种在庭院里，不知不觉就长成了一片薄荷田，这种繁殖能力有可能会影响其他花草生长。为了避免这种情况发生，栽种时，就需要事先给它明确划定一个生长范围。可将瓦楞板深插进土地来阻止其根系肆意蔓延，也可以用花盆或吊花篮来栽培薄荷。

无酒精莫吉托的做法

材料：青柠半个、薄荷一把、白砂糖25 g、气泡水和冰块适量

❶ 将白砂糖倒入玻璃杯中，再把青柠切成小块，接着从茎上剪下一把薄荷叶并洗净。

❷ 把切好的青柠和薄荷叶放入玻璃杯中，用手动捣碎器或研磨杵将其捣碎。

❸ 等到青柠汁流出，能闻到一股浓浓的薄荷味。玻璃杯底部的白砂糖开始融化的时候，注入气泡水，再加入冰块，一杯无酒精的莫吉托就制作好了。

用薄荷手巾招待客人

夏天，在欢迎客人时，推荐大家准备薄荷手巾。薄荷手巾非常适合用来舒缓人们在盛夏时节燥热的心绪。富含薄荷醇成分的留兰香薄荷、日本薄荷都有醒脑提神的功效，其舒爽的气味以及辣的感觉能让火热的肌肤很快冰凉下来。

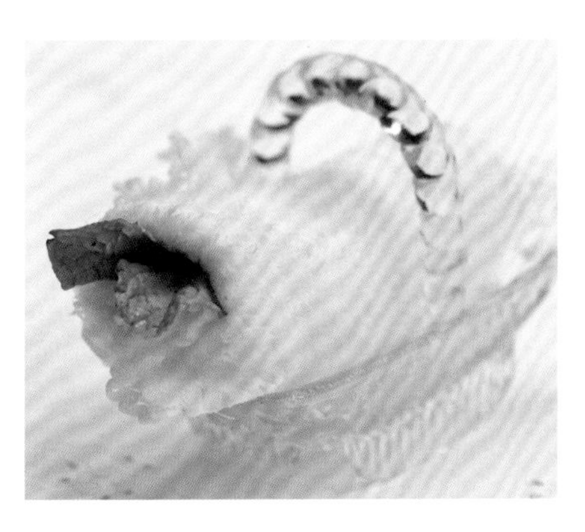

薄荷手巾的制作方法

将手巾用水打湿然后拧干，再在手巾里面卷入一些薄荷，最后放入冰箱冷藏。在没有薄荷叶的情况下，可以在洗脸池的水中滴入一滴薄荷精油来制作薄荷手巾。

用薄荷香提神醒脑

只要搓一搓薄荷叶，闻一闻薄荷的清香，就会有一股舒爽的气味扑面而来。室内飘荡着胡椒薄荷精油、留兰香薄荷精油的气味的话，即使是炎炎夏日也不会觉得没力气了。让我们打起精神继续园艺活动吧！

各类薄荷品种

留兰香薄荷

这种薄荷叶形稍尖。留兰香薄荷精油里富含薄荷醇，常用来制作口香糖、牙膏等，适用于需要清凉感的情形。

胡椒薄荷

与留兰香薄荷相比，叶形较圆润。胡椒薄荷一被触碰就会释放出强烈的香味，常常作为共生植物，用于混栽种植。

日本薄荷

为富含薄荷醇的日本原生品种。北海道基于原生品种又改良出含油量较多的新品种，其精油特别受人欢迎。

9月

SEPTEMBER

当月节日与活动

菊花节

中秋节

彼岸节

观赏秋季七草

秋分

吃秋刀鱼

白银周

当月特色植物

秋英

彼岸花

菊花

栗子

梨

秋牡丹

桔梗

芒草

红砖小径边的“安娜贝拉”寂静地开着，秋风瑟瑟，花序渐渐染上绿褐色。

9月盛开的园艺花卉

地栽 | 盆栽

金光菊

花期：7—10月　一年生、多年生草本

菊科金光菊属

地栽 | 盆栽

长春花

花期：5—11月　一年生草本

夹竹桃科日日草属

地栽 | 盆栽

金鸡菊

花期：5—10月　多年生草本

菊科金鸡菊属

地栽 | 盆栽

桔梗（铃铛花）

花期：6—10月　宿根草本

桔梗科桔梗属

地栽 | 盆栽

青葙（野鸡冠花）

花期：5—11月　一年生草本
苋科青葙属

地栽 | 盆栽

蓝霸鼠尾草（蓝色鼠尾草）

花期：5—10月　多年生草本
唇形科鼠尾草属

地栽 | 盆栽

醉蝶花

花期：7—10月　一年生草本
白花菜科醉蝶花属

地栽 | 盆栽

油点草

花期：8—9月　宿根草本
百合科油点草属

地栽 | 盆栽

山桃草（千鸟花）

花期：5—11月　多年生草本
柳叶菜科山桃草属

地栽 | 盆栽

穗花婆婆纳

花期：4—11月（品种不同，花期有异）多年生草本
车前科婆婆纳属

地栽 | 盆栽

地榆

花期：6—9月　多年生草本
蔷薇科地榆属

地栽

假连翘

花期：6—10月　常绿灌木
马鞭草科假连翘属

地栽 | 盆栽

酢浆草

花期：4—7月、9—11月（品种不同，花期有异）多年生草本（球根）
酢浆草科酢浆草属

9 月的园艺生活

炎炎夏日进入尾声，“苦夏”的植物逐渐恢复了元气，重新装点起庭院。鼠尾草、大丽花、秋牡丹、秋英、千日红、“秋玫瑰”等各种草花都生长起来了，秋意渐浓的庭院令人迷醉。庭院里还有许多非常重要的活动等待着我们。

这个时期要完成多项准备工作。除了需要播种秋季的蔬菜、草花外，各种香草也迎来了播种季，还要提前购买热门的宿根草本植物和蔷薇品种等。此外，需要我们再发挥一下想象力，为明年装点庭院多做些准备。

a.进入秋季浇水模式
b.制定明年的庭院栽种规划
c.实施盆栽、树木的防台风措施
d.给“秋玫瑰”剪枝
e.栽种圣诞玫瑰苗
f.播种冬季蔬菜
g.播种草花

a.

进入秋季浇水模式

若给盆栽植物浇水时还保持盛夏的浇水量，则会造成烂根。这是由于伴随气温降低，很多植物活动变缓，吸水量减少。我们必须在确认表土真正干燥后再去浇水。自动灌溉机也需要从夏季模式调整到秋季模式，若原设定为每日浇水两次，则要更改为每日浇水一次。

b.

制定明年的庭院栽种规划

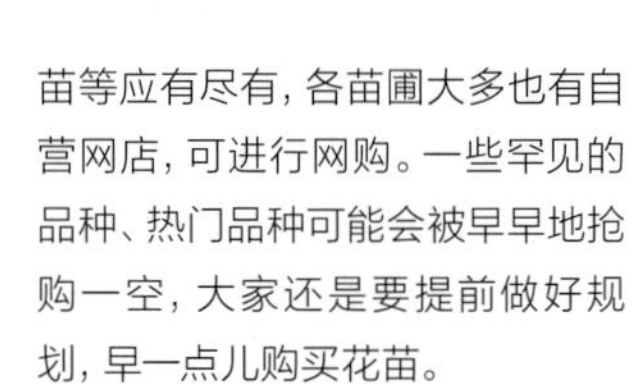

秋季是购买并栽种宿根草本植物、春季开花的球根植物（郁金香、风信子等）、蔷薇苗、果树苗等的季节，去专业的苗圃看看，还能买到与众不同的品种。专业苗圃里宿根草本植物、蔷薇苗、铁线莲、果树苗等应有尽有，各苗圃大多也有自营网店，可进行网购。一些罕见的品种、热门品种可能会被早早地抢购一空，大家还是要提前做好规划，早一点儿购买花苗。

c.

实施盆栽、树木的防台风措施

在日本，9月是台风多发的季节。为了防止台风刮断植株，需要把株形较高的植物捆绑起来；将花盆、吊花篮等搬到室内；至于无法移动的草花，可以把它们集中到一起捆住。引爬在拱门、栅栏上的蔓生植物，需要将其多固定几处。对于树木一定要检查一下树干，这一时期经常发生天牛幼虫“锯树郎”蛀空树干的情况。弱树容易倒伏，务必检查树上是否有刮断的树枝或树干是否晃动，若有必要，一定要采取措施，如立支架或用绳子绑住等。

d.

给“秋玫瑰”剪枝

大多数四季开花的玫瑰在这个时候剪枝的话，会在约50天后开花。倒推一下时间，9月上旬至中旬是剪枝的好时机。剪枝后，如果花茎生长顺利的话，最后一次开花会在10月20日左右至11月上旬。秋季开花的玫瑰，通常比春季开的花小、色浓，别有一番风情。

e.

栽种圣诞玫瑰苗

宿根草本花卉圣诞玫瑰，一般在9月下旬降温前开始栽种，现在就是换栽的好时节。盆栽一般两年换栽一次。换栽时，需要注意保持植物根系的完整性。换栽后的圣诞玫瑰会在次年3月开花。

f.

播种冬季蔬菜

喜欢打理菜园的人，需要准备种植冬季蔬菜了。9月上旬播种白萝卜、小水萝卜，9月末播种白菜、小松菜、小白菜、芜菁、莴苣、菠菜、茼蒿等蔬菜。播种菠菜时，至少要提前1周把镁石灰撒到土里拌匀。

菠菜、芜菁可以在土壤里进行直播栽培（图为芜菁幼苗）。

茼蒿嫩叶

茼蒿长到20～25 cm高时，可在中间割断，采下主枝。待根部的腋芽长大后再次采收。这样可以多次收获。

g.

播种草花

要想控制打理庭院的费用，就需要自己播种育苗。勿忘草、麦仙翁、大阿米芹、沼沫花、半边莲等耐寒性强的一年生、二年生草本植物，需要在9月中旬结束播种。自己播种育苗虽然花费一些时间，但所支出的费用仅有购苗费用的1/10左右。

播种区域｜三种选择

直接播种

将种子直接播种在种植区域。

播种到瓶子里

将种子播种到小塑料瓶里，也可以用卷好的圆柱状报纸代替塑料瓶。

播种到盒子里

将种子播种到育苗专用托盘或浅盒里，也可以用鸡蛋的打包盒代替。

直接播种适用于移栽后容易发育不良的植物，即根系垂直向下生长的直根系植物。如果它们在小容器里生长发育的话，会造成根部弯曲，幼苗容易受到损伤，所以不宜播种到盒子里。播种前请务必确认所播种植物的特征。塑料瓶、浅盒只是临时育苗的器具，等幼苗长到一定程度，就需要进行移栽、定植。

播种方式｜三种选择

条播

❶ 将一根一次性筷子嵌进表土，开一条深5～7mm 的浅沟。

❷ 尽量把种子均匀地撒在沟里，不要让种子积聚在一起，万一积聚在一起也不用太在意，以后还会进行间拔。在种子上面覆盖培养土，然后用手掌把土按一按。接着用喷雾的方法浇透土壤，将花盆搬到光照充足的地方。这种开沟播种的方式就叫“条播”。条播适用于播种罗勒等种子颗粒较小的植物。

点播

❶ 用塑料瓶盖在表土上按出一个小圆坑。

❷ 在坑里撒播两三粒种子，日后间苗时，只保留长势最好的那一棵苗。这种将几粒种子一起播种的方式就称作“点播”。点播适用于玉米、牵牛花等种子颗粒较大的植物。

撒播

如字面意思所示，撒播就是指撒种子播种。像圣诞玫瑰种子等小颗粒种子，以及比圣诞玫瑰种子更小的如粉末一般的极小颗粒种子，比如烟草、毛地黄、丛生风铃草等颗粒，适合采用撒播方式进行播种。如粉末一般的极小颗粒种子也可以混掺细沙装在空胡椒罐中进行撒播。

撒播后的紫苏新芽

※播种窍门请参照本书第19页

培育昂贵的香辛料——番红花

西班牙海鲜饭、普罗旺斯鱼汤里有一种必用的香辛料——番红花。色为橙色、形如细线的番红花香辛料就是从秋季盛开的番红花花朵上采摘的。伊朗是番红花主要的出产国，希腊、摩洛哥、印度、西班牙还有日本等也都有栽培。番红花是一种受到一些国家人民喜爱的稀有香辛料。番红花具有药用价值，需求量不多的话，也可在自家庭院里进行种植采收。大家快来栽培试试吧。

番红花的球根生命力极强，强健到即使不栽种在土壤中也能开花，栽培起来很容易上手。推荐新手从栽培番红花开始实践。

世界上最贵的香辛料之一番红花

懂花的人一听到番红花这个词，就会想到那是在早春开花的球根植物，其实番红花香辛料就源自番红花（学名为Crocus sativusl L.）于秋天绽放的花朵中。摘下淡紫色番红花花朵中央的3根雌花蕊，并将其晒干，就能得到香辛料了。因为每朵花只能采到3根花蕊，非常稀少，并且人工采集花蕊工作效率低下，所以番红花香辛料的价格一直居高不下，被称为世界上最昂贵的香辛料之一。此外，有一种叫秋水仙的花，也在同一时段盛开，并且与番红花花形相似，但它的雄蕊发白。这种花有毒，大家一定注意不要把它们弄混。

番红花属的学名“Crocus”来自番红花香辛料的希腊语发音“krokos”（意思为“线”）。因雌花蕊长大后呈细线状，故得此名。

番红花的培育要点

球根花卉番红花是秋天种植的花卉，但有些园艺店在夏秋两季才有售。从7月下旬开始即可购买，其价格一般是一个球根80~100日元（相当于人民币4~5元），有时过了9月会有促销活动，价格会便宜些，购买时最好挑选分量重的球根。栽种番红花的最佳时机是9月上旬至10月中旬，它会在10—12月间开花。

番红花球根形如小洋葱，直径约4 cm。它的根不会四散开来，所以即使把它栽种在小盒子里也会开花，也能采集到它的雌花蕊。即使家里没有庭院，在阳台、露台、家门口等找个小地方就能栽培。

开花后，如果任它自然生长的话，球根以外的花和叶就会渐渐枯萎（图片拍摄于4月上旬）。枯萎之后的番红花，球根进入休眠期，这时要停止浇水并挖出球根。把挖出的球根装入透气的网袋中，避光保存在阴凉处。待9月上旬，番红花进入生长期后，再次栽种。次年继续栽种时，有些小球根会退化，从而丧失开花能力。若想让种植的番红花年年开花，就需要在继续栽种旧球根的同时，购买新的球根。

采集番红花香辛料的方法

采集番红花香辛料的花农，一般会先摘下番红花花朵，并在当天采集雌花蕊。而园艺爱好者们通常喜欢观赏花卉，所以只需抽出雌花蕊即可。不管采用哪种采集方法，重点都是在开花之后要抓紧采集。

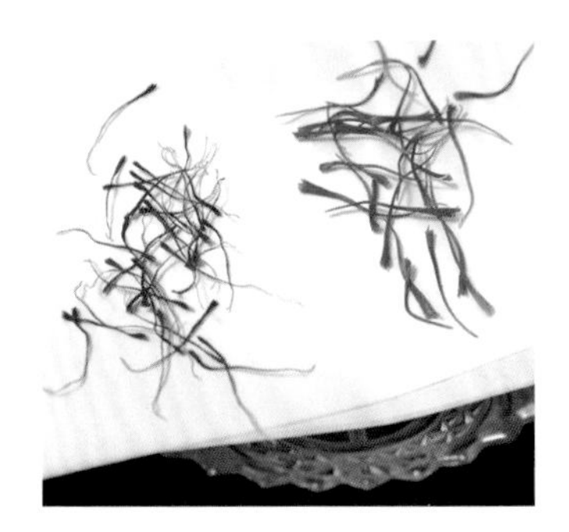

图中左侧是晾晒1天的雌花蕊，右侧是刚刚采集的雌花蕊。花蕊从橙色渐渐变为红色之后，就成了番红花香辛料。

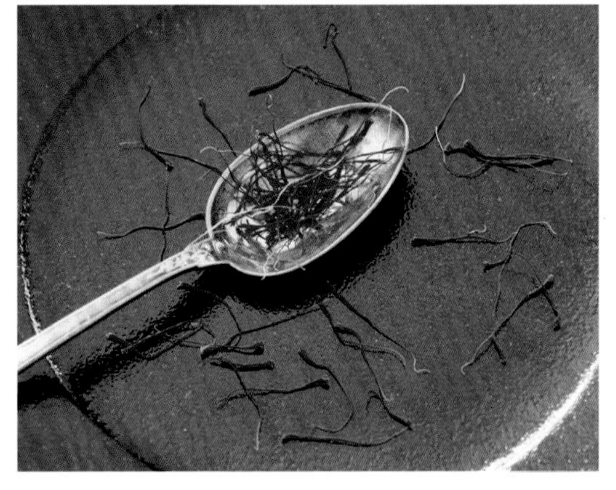

番红花的球根，一颗约80日元（约为人民币4元左右）买6个球根，通常可以得到1勺香辛料。球根根据大小，能开2~3朵花，1朵花能采集3根雌花蕊，这样算来，6个球根大约可以开18朵花，就能收获54根雌花蕊。将晒干的雌花蕊装入密封容器中，可以在做菜或喝茶时使用。

用干花制作透明的果冻蜡烛

果冻蜡烛不仅耐用，还能长时间欣赏而不产生油烟。

植物果冻蜡烛是将花草封在蜡里制成的蜡烛。制作过程中，因为使用了透明的果冻蜡，所以放在里面的花草、果实等看起来会非常清晰。把它作为装饰品直接摆放在室内，清新雅致。庭院里绽放的花、朋友送的花束等，这些美好的记忆全都可以封存在蜡烛中。

植物果冻蜡烛的制作方法

花材： 自己喜欢的干花

材料： 果冻蜡（根据玻璃杯大小，准备合适用量）、耐热玻璃杯2个（一大一小，直径约差1 cm）、蜡烛芯、一次性筷子、小镊子、小锅（最好带有注入口）、剪刀

❶ 把两个玻璃杯套在一起，用小镊子将花材夹入中间的缝隙中。若缝隙较大，则很难把花材平整地布置好，所以选择合适尺寸的花材和容器很关键。

❷ 用两根一次性筷子紧紧地夹住蜡烛芯，将其夹入小玻璃杯内，然后用剪刀调整好蜡烛芯的长度。

❸ 将果冻蜡撕成块状，放到小锅内加热。要想顺利地完成步骤④，即将熔化的果冻蜡倒入玻璃杯内，就需要把锅加热到100 ℃～110 ℃。推荐大家使用电磁炉进行加热，方便调节温度，也不用担心引发燃烧。果冻蜡熔化时，会有气泡产生，没有气泡了就说明已经完全熔化了。当温度过高冒烟时，可以调低温度。

❹ 尽量用均匀的速度，将液体果冻蜡缓慢地倒入小玻璃杯中。如果不小心将液体蜡溢到大玻璃杯里，就把两个玻璃杯都注满，即使出现气泡也没关系，气泡会自然消失。注满后，静置1小时等液体蜡凝固。

注意： 之所以将两个容器套在一起，是为了将蜡烛芯和花草隔离开来。花草遇火容易燃烧，特别是含油脂成分较多的花草，燃烧后有可能火苗会很大。点燃植物果冻蜡烛后，在欣赏的同时，记得时刻关注燃烧情况，注意用火安全。

料理　罗勒

用自家种的新鲜罗勒制作美味罗勒酱

我向不怎么会做饭、不喜欢做饭和没时间做饭的人推荐一道酱料——罗勒酱。在意大利被称作“Pesto Genovese Sauce”的罗勒酱，既可以涂在面包片上，也可以直接当作意大利面酱来用。浓浓的罗勒酱和橄榄油的味道融合在一起后异常美味，是厨房必备的魔力酱料。只要有了它，做饭就不成问题。

制造好味道的关键在于使用刚采摘的罗勒。5—7月播种或栽种幼苗，8—9月剪枝，在这之后就可以收获第一茬罗勒。待腋芽长大后，10月可以收获最后一次罗勒。那样的话，我们就可以一年制作2次罗勒酱了。让我们多多栽种罗勒，一起制作美味的罗勒酱吧。

罗勒的栽培要点

5—6月播种（详见第21页）；
6—7月栽种幼苗；
8—9月摘除花穗、剪枝；
10月腋芽长大后，年内最后一次收获。

罗勒酱的做法

材料： 罗勒叶30 g、大蒜1瓣、核桃3~4个（也可用其他坚果替换）、食盐半小勺[1]、帕尔玛奶酪100 g（可根据个人习惯添加）、带盖玻璃瓶1个

❶ 将所有材料放入料理机或多功能绞肉绞菜机里搅打。

❷ 打成酱之后，将其倒入用开水消过毒的玻璃瓶内。加入橄榄油。在进行脱气处理[2]后，放入冰箱冷藏。

1.半小勺=2.5 mL

2.在瓶子里装满罗勒酱后，轻轻拧上盖子。将玻璃瓶投入沸水中煮15分钟左右。注意别让玻璃瓶进水。煮沸之后，取出瓶子，拧紧瓶盖。把瓶身倒过来冷却。这就是脱气处理。用这种方式可以让罗勒酱保持鲜艳的绿色。

罗勒鸡肉三明治

材料： 鸡胸肉1片、清汤块2个、月桂叶1片、面包2片、芝士片1片、盐、胡椒粉少许、罗勒酱适量

❶ 将水倒入锅内（须能没过鸡胸肉），加入清汤块、月桂叶，煮沸后关火。

❷ 将去皮的鸡胸肉放入汤中，盖上盖子静置2小时以上。开小火炖煮。

❸ 在鸡皮上撒盐、胡椒粉，放在烤架上烤，烤出鸡油并略带焦化层为止。

❹ 把鸡胸肉和鸡皮切成小块夹进面包里，并加入罗勒酱、芝士片，用烤面包机烤一下。

罗勒酱意大利面

在煮好的意大利面里拌上罗勒酱，美味的罗勒酱意大利面就完成了。

罗勒酱炒饭

米饭里放入罗勒酱炒制，同时搭配培根、鸡蛋、小番茄，好吃的罗勒酱炒饭就做好了，红、绿、黄各色分明，非常漂亮。

10月

OCTOBER

当月节日与活动

赏红叶

读书

整理换季衣物

运动会

舂新米

阴历九月十三夜[1]

万圣节

当月特色植物

银杏

秋桂

“秋玫瑰”

苹果

柿子

白头婆

大丽花

庭院被与紫丁香相似的深紫色紫花醉鱼草及色彩多样的松果菊所环绕，此时我家的爱犬正趴在花园长椅下小憩。

1.日本人有于阴历九月十三日赏月的传统，俗称后月。

10月盛开的园艺花卉

地栽 | 盆栽

大丽花（大丽菊）

花期：6—11月　多年生草本（球根）
菊科大丽花属

地栽 | 盆栽

秋英（大波斯菊）

花期：6—11月　一年生、多年生草本
菊科秋英属

地栽

木犀（桂花）

花期：9—10月　常绿乔木
木犀科木犀属

地栽 | 盆栽

白头婆（泽兰）

花期：8—10月　多年生草本
菊科泽兰属

地栽 | 盆栽

紫菀

花期：8—11月　多年生草本
菊科紫菀翠菊属

地栽

美人蕉

花期：6—10月　多年生草本（球根）
美人蕉科美人蕉属

地栽 | 盆栽

五星花

花期：5—10月　一年生草本
茜草科五星花属

地栽 | 盆栽

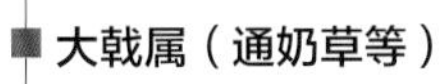

大戟属（通奶草等）

花期：5月至次年1月　一年生草本
大戟科大戟属

地栽 | 盆栽

非洲菊（扶郎花）

花期：4—5月、10—11月　多年生草本
菊科大丁草属

地栽 | 盆栽

藿香蓟

花期：5—11月　一年生草本
菊科藿香蓟属

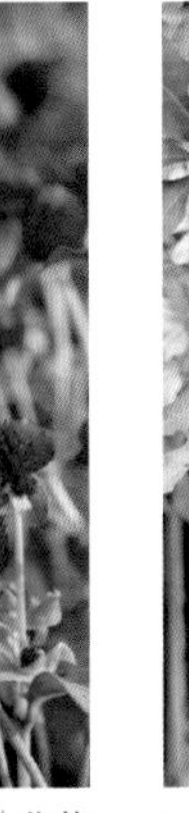

地栽 | 盆栽

千日红

花期：5—11月　一年生草本
苋科千日红属

盆栽

蓝花丹（蓝雪花）

花期：5—11月　常绿灌木
白花丹科白花丹属

盆栽

叶子花（三角梅）

花期：4—5月、10—11月　常绿藤本状灌木
紫茉莉科叶子花属

10月的园艺生活

10月，阳光和煦，秋风吹拂，清晨和傍晚都开始凉爽起来，整个人也变得神清气爽。在照顾花卉和蔬菜的同时，到户外活动身体也会非常舒适。庭院里的花草树木或已开始准备过冬，或在为来年春天的生长积蓄养分。这个月，让我们也来享受各项庭院工作的乐趣吧。

a. 秋季植物的播种
b. “秋玫瑰”的开花季
c. 多年生草本植物的分株、移栽和养护
d. 柑橘类及其他果实的收获季
e. 球根植物的种植时节
f. 糠渍青番茄
g. 盐渍紫苏籽

a.

秋季植物的播种

10月也有很多需要播种的蔬菜和花草。这里列了一些本月可以播种的植物。

适宜播种的蔬菜

甜菜、茼蒿、菠菜、生菜等。

适宜播种的香草

百里香、香菜、洋甘菊、细香葱等。

适宜播种的花草

碧冬茄、黑种草、丛生风铃草、洋地黄等。

b.

“秋玫瑰”的开花季

秋季开花的玫瑰。

10月中旬至11月上旬，四季开花型的玫瑰相继绽放出本年最后的花。各地的玫瑰园里也正值赏“秋玫瑰”的好时机。去寻找四季盛开的玫瑰品种吧，在经营玫瑰苗的专卖店，销售即将开始，关注一下自己喜欢的品种吧。

c.

多年生草本植物的分株、移栽和养护

我们来整理一下紫玉簪、香根草、金光菊、秋牡丹等从夏天就开始活跃生长的宿根花卉吧。对于地上部分已经枯死的宿根花卉，将其紧贴着地面割下来；对于长成一大丛的宿根花卉，则将其分株。所谓的分株是指将植物连根掘起，分成几丛，然后移种的种植方法。宿根花卉和常绿树也正值适合移植的时节。在冬天来临前完成这些园艺活动吧，明年春天的时候有些植物会再次生根发芽，顺利生长。

d.

柑橘类及其他果实的收获季

这是收获的季节，柑橘类的果实开始变成橙色或黄色，树苗也开始摆在园艺店里出售。此外，无花果、柿子、石榴、葡萄、猕猴桃、木通等也迎来了收获期和树苗种植期。想在庭院里种植果树的朋友，推荐你们在本月去园艺店挑选树苗。

e.

球根植物的种植时节

10月是郁金香、水仙花、风信子和葡萄风信子等早春开花的球根植物的种植时节。10月中旬以后，行道树树叶开始变红，天气也足够冷了，就开始移栽吧。

如何盆栽种植球根植物

❶ 在盆底石上铺上足够的土。因为球根已经积蓄了营养，所以不用特别考虑用土的混合，只要具备排水性就可以了。

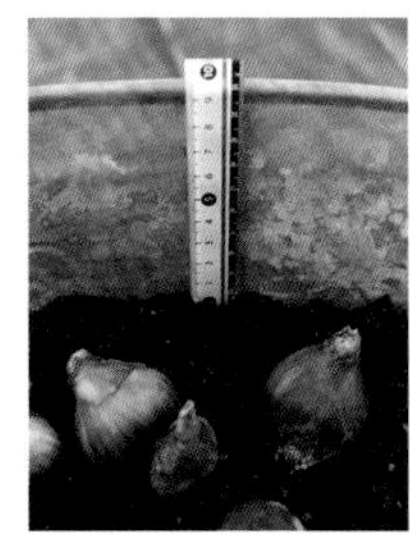

❷ 将球根头朝上排列在土里。定植深度因品种而异，所以请仔细阅读球根包装袋上的说明。用土量达到距花盆口约10 cm处即可。

❸ 一个花盆栽多个球根时，要结合花期进行选择。品种不同的郁金香花期能相差近两个月，因此将花期一致的一起种植或将花期错开的一起种植，都各有乐趣。

❹ 将能够把球根完全埋起来的土均匀地倒入花盆里以后，浇上足够的水，球根植物就种好啦！将其放在阳光充足的地方，期待它们发芽的那一天吧。由于冬天水分蒸发得慢，只需在表土干了后浇水即可。虽然在土壤中的根和芽生长需要水，但浇水过多土壤一直保持湿润的话对球根并不好。适当浇水是球根栽培成功的秘诀。

f.

糠渍青番茄

菜园里的番茄还在继续生长，但随着早晚气温的下降，番茄渐渐地不再变红了。直接扔掉青番茄太浪费了，我们可以将青番茄切成两半，用米糠腌制。腌上3~4天，青番茄就会脱去涩味，成为略带酸味的美味腌菜。

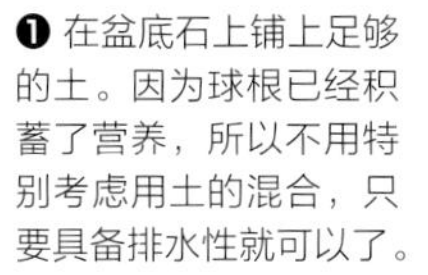

g.

盐渍紫苏籽

10月，紫苏的花穗生长并开始结籽，收获了紫苏籽后将其用盐腌渍，就可以随时享用了。

盐渍紫苏籽的做法

收获花穗后，将紫苏籽从中取出并清洗，在热水中焯约 1 分钟除去涩味后用笊篱捞出，用厨房纸吸干水分，然后撒上盐搅拌均匀。加入1~2茶匙（1茶匙约5mL）梅子醋可以防止紫苏籽变色，也能使其更耐储存。将盐渍紫苏籽放入经煮沸消毒的容器中，然后放入冰箱保存。大约一个月后，盐味将不再浓烈，风味也会增加。我们可以将做好的腌渍紫苏籽拌到刚煮熟的米饭里或作为凉拌豆腐的佐料来享用。

来栽培浆果类果树吧！

浆果拥有酸酸甜甜的口感、富含野性的香味和如宝石一般的美丽色彩。虽然浆果们美味诱人，但其中一些树种娇贵不易培育，在商店中并不常见。下面给大家介绍一些庭院里易栽的浆果类果树，品尝它们完全成熟的果实，是只有种植者才能独享的乐趣。

顽强好养的红醋栗

可爱的红醋栗（俗称红加仑）果实呈簇状生长。若制成果酱，其颜色和气味都会变得更加鲜明。由于红醋栗不是很甜，所以推荐加糖来制成果酱或果酒（见第45页）。栽培红醋栗几乎不用担心病虫害，只要有阳光它就能长得很好。红醋栗虽然有较强的耐寒性，但耐热性稍弱，适合在寒冷地区种植。

特征：红醋栗树高1~1.5 m，收获期为每年6—7月，地栽、盆栽皆可，直立型。

浆果类果树栽培的基本步骤

定植｜换盆｜移植

最佳时间是10月至次年3月。为防止根部堵塞，盆栽种植的植物应每2~3年换一次盆。

注意：定植、换盆、移植要在阳光充足的地方进行。

修剪

不管是哪种浆果类果树，基本上都要在冬天将老枝、枯枝和向内生长或挤在一起的枝条紧贴地面剪下，留下新长的枝条。修剪只要牢记这点就足够了。

施肥

在冬季、开花后和收获后要施有机肥。

到了栽植的时候，园艺店里会摆满各种浆果类树苗。

红醋栗

栽培多个品种的蓝莓

大多数浆果类果树只种一个品种就可以，但蓝莓的话，两个以上的品种一起种，挂果会更多。蓝莓的另一个栽培秘诀是使用酸性土壤。许多植物喜欢中性到弱酸性的土壤，但蓝莓更适应酸性，可在栽培用土里掺入泥炭土或使用特殊土壤。

特征：蓝莓树高约 1 m（因品种而异），收获期为每年6—8月（因品种而异），地栽、盆栽皆可，直立型。

用栅栏、拱门种植的蔓生黑莓

需要将蔓生黑莓的枝条固定于拱门或栅栏上进行栽培。当黑莓果实由红色变为黑色，并且能轻松地摘下时，就说明其成熟了。酸酸甜甜的黑莓，加热后香气和味道更加浓郁。同属于悬钩子属的树莓枝条生长杂乱，挂果量也少，所以不建议种植。

特征：蔓生黑莓藤长1.5~5 m（因品种而异），收获期为每年6—8月（因品种而异），地栽、盆栽皆可，蔓生型。

在春天，黑莓会开出许多像野玫瑰一般的可爱花朵。

鲜红的酸樱桃

酸樱桃是用于烹饪的樱桃，果肉呈红色，由于加热也不会改变颜色，所以可以用其制作出带有红宝石色泽的红色酱汁。与生吃的樱桃树种相比，酸樱桃树形紧凑，即使只种一棵树也可自花授粉、结果，另外病虫害少，易于栽培。

特征：酸樱桃树高约3 m，收获期为每年6—7月，地栽、盆栽皆可，直立型。

酸樱桃的果实淋了雨很容易裂开，因此要看好时机再采摘。可以将其冷冻或加工成果酱、酱汁等。

甜甜的果实野鸟也超爱

这里介绍的果实都是病虫害少的易栽品种，但鸟害除外，完全成熟的果实也是鸟类的食粮。鸟儿们一大早飞来，很快把果实吃光的情况也是有的。因此刚挂果时，就要罩上防鸟网来防护。

浓郁的宝石色石榴糖浆

石榴因其保健和美容功效而备受关注，除了果汁和保健品外，还出现了含有石榴成分的化妆水和精华水。

在日本，市面上的石榴非常昂贵，但它曾经是种在家家户户屋前的果树的代表。若自己种植，你就可以随时感受石榴带来的力量，可以美美地品尝石榴。

石榴种植的要点

石榴是一种无须担心病虫害的果树，具有优良的耐热性和耐寒性，即使是园艺新手也容易培育。石榴可以自花授粉，所以种一棵也能结果。石榴的花芽在前一年的8月形成，需要一年的时间才能开花，所以修剪时注意不要把花芽剪掉了。石榴果实通常在9月至11月上旬收获。

石榴果的保存方法

石榴生吃时，酸度和甜度完美平衡，感受一粒粒石榴籽在口中爆开也是一种享受。放在沙拉或甜点上，就成了最美味的装饰。石榴只要不剥皮就可以长期保存，冷藏能保存2~3个月。若把石榴籽取出来冷藏，可以保存一周左右，如果想保存更久，可以选择冷冻。

浓郁的石榴糖浆的做法

主料： 石榴籽、冰糖

❶ 准备大约为石榴果质量70%的冰糖，将其与石榴交替装入已煮沸消毒的贮藏容器中。

❷ 常温密封保存。随着时间的流逝，冰糖会融化，石榴的红色精华会渗出来，两周左右，糖浆就好了。

石榴糖浆储存方法： 冷藏可储存约2个月。如果选择冷冻，那么颜色和味道都不会发生变化。

创意食谱

无酒精石榴鸡尾酒“秀兰·邓波儿”

“秀兰·邓波儿”是1933 年美国废除禁酒令时，专为父母和孩子一起享用而设计的不含酒精的鸡尾酒，装饰上橙子或柠檬片后，便是一杯正宗的“秀兰·邓波儿”。

配料： 石榴糖浆20 mL（不到2大勺[1]）、姜汁汽水130 mL、柠檬一块

做法： 在放了冰块的玻璃杯中注入石榴糖浆和姜汁汽水，在挤入柠檬汁后轻轻搅拌便可饮用。也可以在“秀兰·邓波儿”中加入石榴籽，让石榴籽浮在上层。

色彩鲜明的石榴酱汁沙拉

这是一道用橙子和生火腿制作的色彩鲜明的沙拉。

配料： 坚果、石榴籽、石榴酱汁（石榴糖浆2大勺、醋1大勺、橄榄油1小勺、酱油1小勺、盐和胡椒粉少许，然后拌匀）

做法： 将橙子和火腿放在绿叶菜上，撒上坚果和石榴籽，再淋上石榴酱汁。

1. 2大勺=30 mL，1小勺=5 mL

11月

NOVEMBER

用鲜红色的玫瑰果和黄叶做一个花环吧。把迎来种植时节的郁金香球根也摆在一起。

当月节日与活动

立冬

七五三节[1]

博诺莱新酿葡萄酒

迎接秋风1号[2]

跳蚤市场

捡落叶

秋霜

庙会

当月特色植物

玫瑰

茶梅

堇菜

橡子

松果

观赏草

1.七五三节：日本传统节日，指日本3岁与5岁的男孩以及3岁与7岁的女孩穿上传统服饰，跟随父母去神社祈福，祈求身体健康。——译者注

2.秋风1号：日本民众习惯将入秋后初次吹来的寒冷北风称为“秋风1号”。——译者注

11 月盛开的园艺花卉

地栽｜盆栽

秋牡丹（野棉花）

花期：8—11月　多年生草本

毛茛科银莲花属

地栽｜盆栽

巧克力秋英（巧克力波斯菊）

花期：6—11月　多年生草本（球根）

菊科秋英属

地栽｜盆栽

三色堇｜堇菜

花期：11月至次年5月　一年生草本

堇菜科堇菜属

地栽｜盆栽

番红花（藏红花）

花期：10—12月　多年生草本（球根）

鸢尾科番红花属

地栽 | 盆栽

墨西哥鼠尾草（紫绒鼠尾草）

花期：8—11月　多年生草本
唇形科鼠尾草属

地栽 | 盆栽

百日菊

花期：5—11月　一年生草本
菊科百日草属

地栽 | 盆栽

菊花

花期：10—11月　多年生草本
菊科菊属

地栽 | 盆栽

娜丽花

花期：10—12月　多年生草本（球根）
石蒜科纳丽花属

地栽 | 盆栽

百合花

花期：1—6月、9—12月　多年生草本
玄参科假马齿苋属

盆栽

蒂牡花（巴西野牡丹）

花期：7—11月　常绿灌木
野牡丹科蒂牡花属

地栽

茶梅

花期：10—12月　小乔木
山茶科山茶属

地栽

帝王大丽花

花期：11—12月　多年生草本
菊科大丽花属

地栽

草莓树

花期：11—12月　常绿小乔木
杜鹃花科草莓树属

11 月的园艺生活

深秋是为来年春天做各项准备的季节，剪掉枯枝、收集或者直接扔掉落叶、打扫庭院也是这一时期的重要工作。户外活动时一定要注意防寒保暖。另外，由于白天时间短，园艺活动要有计划地进行。

a. 清理落叶
b. 玫瑰的定植与重栽
c. 采收玫瑰果
d. 整地
e. 购买冬季花苗

裸苗需要移栽。长盆里的花苗也需要移栽。购买时种植在盆中的大花苗，可原样生长至春季开花。

a.

清理落叶

落在草坪上的落叶，我们可以用耙子或园艺耙收集，难以清扫的区域可以使用鼓风机进行清扫。

b.

玫瑰的定植与重栽

11月是玫瑰苗交易的黄金期。新买的玫瑰苗要在来年2月底前种植到庭院内或花盆里。用盆栽栽培的植株要连根部土团一起拔起，轻轻敲掉旧土，然后将植株放在同一个花盆里重新栽种或将其移栽到大一号的花盆中。在同年内移栽是最理想的状态。

定植： 由于盆中的幼苗处于临时种植状态，因此要小心保护根部土团并将其移栽到六七号盆中。

重栽： 盆栽玫瑰应重新栽种以改善其生长环境。取出根部，用小耙子敲掉表面、侧面和底部的旧土，然后加上新土重新栽种。浇水后，将其放置在吹不到冷风的向阳处等待春天的到来。

c.
采收玫瑰果

让我们来收获玫瑰果吧。玫瑰果可以做成花环装点室内空间，仅是将其捆成束放着，就能成为一幅画。不仅如此，玫瑰果还可以用来泡茶，可以用来泡茶的品种有犬蔷薇、刺玫花等。泡茶时，玫瑰果里面的种子和纤毛要清理干净，清理不干净的话可能会导致肠胃不适。

名为“Aruba”的日本原生的浜茄子（刺玫花）。果实很大，果肉也可食用。

d.
整地

在花园或菜园角落进行堆肥（请参照本书第33页），11月正是发酵肥料的时候（左下图）。下面变成黑色的杂草，可以掺进花园或菜园的土里。剩下的杂草堆，请将下面的翻上来，将上面的翻下去（右下图）。

e.
购买冬季花苗

花期由冬至春的堇菜、三色堇、仙客来等初冬种植的花苗开始出现在园艺店里。有些育种家每年都会培育出新品种，但是这些花苗往往数量有限，很快会售罄。如果发现了自己喜欢的花苗最好趁早入手。

玫瑰果的变种

玫瑰果除了有球形、细长形、梨形，还有表面带刺的样子等。玫瑰果的大小从直径约5 mm到超过 3 cm的都有。玫瑰果颜色丰富多彩，有黄色、橙色、渐变的红色，有自始至终是黄色的，还有一直是红色的。小玫瑰果可以成为野鸟的饵，推荐想要体验观鸟乐趣的人种植。此外，也有像杂交玫瑰（浜茄子的杂交品种）和密刺玫瑰（苏格兰玫瑰）这样在夏天到来前变色、秋季就落果的品种。

堇菜和三色堇的篮植

入冬前，园艺店里会摆放各色堇菜幼苗。一年生的堇菜和三色堇是冬季花园的"救世主"，它们能从深秋一直开花到来年玫瑰盛开的时候。它们耐寒的特性使得其即使在寒冷的天气里也能开花。另外，堇菜和三色堇的品种繁多，花朵的大小、形状和颜色也多种多样，有小花型的，也有开出华丽褶边的。你可以从种子售卖店或育种家的年度推荐花卉中选出自己最喜欢的品种，将其栽培在花篮里。

堇菜和三色堇篮植的方法

花材： 堇菜、三色堇数种

材料： 藤编篮筐、柳编篮筐、透水性良好的透水性材料（粗麻布、空沙袋等）、培养土、肥料

在篮筐内侧铺上透水性材料，将其作为容器，透水程度以水能透过篮筐的网眼为宜。透水性材料除了选择容易买到的亚麻布和无纺布外，还可以使用剪开的空沙袋。如果使用塑料材质，要用锥子钻上几个孔。

❶ 根据篮筐大小剪下空沙袋或粗麻布，将其铺在篮筐里。

❷ 篮筐中放入少许盆栽土，按规定量混合入花肥。

❸ 从盆中取出幼苗。如果幼苗的根盘在一起，可以用耙子将两侧的根扒掉。

❹ 种入花苗后，加土。加入土壤的同时用筷子或手指将其压实，防止产生空隙。

❺ 从上面和侧面浇入充足的水，花篮种植就完成了。之后每3~4天浇一次水。

便于携带的篮植

篮筐有多种尺寸和形状，一个宽25 cm的篮子可以种植 3~4 株幼苗。可以用橙色搭配白色、不同色度的蓝色、粉红色和紫色等等，将不同的花色搭配在一起也是一种乐趣。将花篮调整到向阳的角度，可以享受到快速改变造型的乐趣。如果搬起花篮时感觉到质量轻的话，就表示该浇水了。

装饰　堇菜、香雪球、茵芋等

用红酒和插花花束制作礼物

即将来临的12月有圣诞节和年关，是收送礼物的欢乐时节，然而，选礼物总是让人相当苦恼。送礼物自然是要投其所好，但还要做到不跟别人送的礼物重复且极具品位的话就很困难了。对于那些希望自己的礼物能带给对方惊喜的人，推荐你们制作“酒花群植”，这是一份可以让人开心到来年的时尚礼物。

选花的窍门

可以选择能从冬开到春的堇菜、香雪球、茵芋等混栽花，与其组合的红酒可以选择博若莱新酒。我选择的是红色和粉红色的花，这些颜色与这款红酒的颜色很搭配。当然也不必拘泥于博若莱新酒，将自己喜欢的白葡萄酒或起泡酒与白色的花或银叶搭配也是不错的选择。

混栽花植的做法

花材: 酒红色堇菜3种、香雪球“Pastel Carpet”、粗毛矛豆“Brimstone”、茵芋“White Dwarf”、水芹
材料: 篮筐(铺上塑料布,打好排水孔)、培养土、红酒

做法: ❶ 在篮子底部倒入 3~4 cm厚的土壤。
❷ 将红酒斜放在篮筐中,露出瓶颈,将花苗均匀放置在红酒的周围,在缝隙中填上土。

用于混栽的植物及其特征

堇菜“Ruby Momoka”

堇菜“Heidi's Melody”

三色堇“天之羽衣”

酒红色堇菜

堇菜株高10~20 cm,可以从深秋一直开花到次年春天,它是只需在充足阳光和适当通风,浇水即可轻松培育的一年生草本植物。因堇菜花期较长,在冬季生长缓慢,如果勤摘残花的话,你可以欣赏堇菜花直至来年5月。堇菜的花语是“诚实”和“信任”,拿来作为礼物非常合适。

香雪球“Pastel Carpet”

香雪球是一年生草本植物,即使在寒冷的季节也能开出直径为2~3 mm的小花,带有柔和典雅的气息,极具魅力。香雪球植株高5~20 cm,随着春天的临近,生长会越发旺盛、茂密。如果植株乱长,将其剪到茎长为原来的三分之一左右,香雪球会再次开花而且能保持美丽的形状。

粗毛矛豆“Brimstone”

粗毛矛豆是一种可爱的常绿宿根花卉,它的小叶片上覆盖着一层白色柔软的纤毛,在冬天也能繁茂生长。粗毛矛豆的株高5~60 cm,叶尖为奶油色,到了早春发芽的时节,整片叶子都会变成奶油色,如果过长,就要适当修剪。

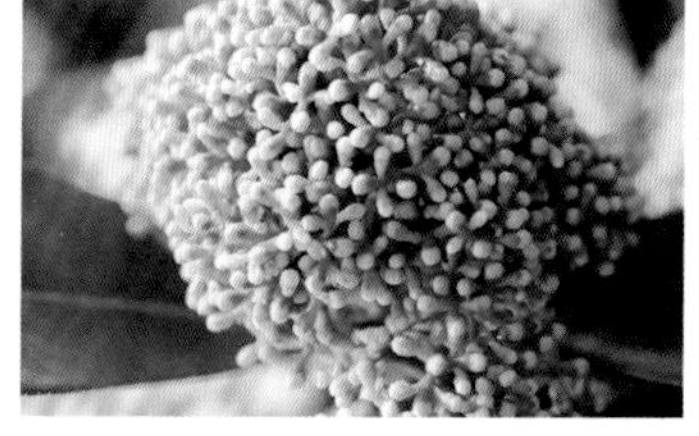

茵芋“White Dwarf”

茵芋是芸香科常绿灌木,株高20~50 cm,喜阴且生长缓慢。从秋天到冬天,茵芋的花蕾一直是小粒状的,但春天过后,就会开出白色到淡粉色的花朵。在享受过混栽的乐趣后,可以将其移栽至室外或花盆中。

水芹

水芹为多年生水芹的园艺品种,叶片的边缘会从白色变为粉红色。水芹株高10~30 cm,由于它矮小且会横向生长,因此适用于混栽。水芹叶片在寒冷的时节会呈现为粉红色,所以根据季节改变花的组合会比较好。

适合作乔迁、婚礼等贺礼的盆花

花束常作为礼物,而盆栽鲜花则非常适合作为乔迁或婚礼等的贺礼。这是因为有根的花卉寓意“幸福扎根”,非常适合作为贺礼。另外,送混栽盆花的话,就不用担心和其他人送的礼物重复,还可以尽情享受栽培的过程。收到礼物的人在每次照料盆花的时候肯定会想起送盆花的你。送给很少养花的人时,一定要附上一张写有花名和日常养护方法的卡片,这或许会成为对方开始园艺生活的契机。

料理　玫瑰果

用玫瑰的恩赐来犒劳身体

初冬的庭院里花朵稀少，但玫瑰果明艳的红色和橙色也能为庭院营造出一丝暖意。据说，当气温开始下降时，人的体温和抵抗力也会随之下降，皮肤也容易干燥，甚至会长出皱纹……为爱美的人们平添了烦恼。

但在这样的季节里，玫瑰给我们准备了玫瑰果这一自然的恩赐。让我们用富含维生素 C 的玫瑰果茶和具有各种效果的香草茶来慰劳一下自己，同时加把劲儿把庭院的养护做好吧。

蜜渍玫瑰果的做法

制作蜜渍玫瑰果时要选用野生玫瑰或古典玫瑰，选择现代玫瑰的话要选长势好的品种。当然，培育时不能使用杀虫剂。随着天气变冷，玫瑰果会逐渐变硬，所以要趁着玫瑰果新鲜水灵的时候采摘。为了方便处理，推荐大家选择表面光滑、直径在2 cm以上且能去除种子和纤毛的玫瑰果。

材料： 玫瑰果、蜂蜜（需能泡过玫瑰果的程度）

"Altissimo" 的玫瑰果非常大，其花为单瓣，直径约8 cm，四季开花。"Altissimo"是结果后也依旧长势良好的蔓生现代玫瑰。

❶ 将果实对半切开，去除种子和白色的纤毛。

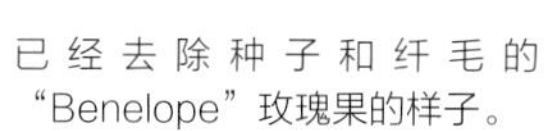

已经去除种子和纤毛的"Benelope"玫瑰果的样子。

❷ 将玫瑰果放入罐中，倒入蜂蜜。大约两周蜜渍玫瑰果就做好了。由于是生果腌渍的，因此蜜渍玫瑰果的成品会略硬。

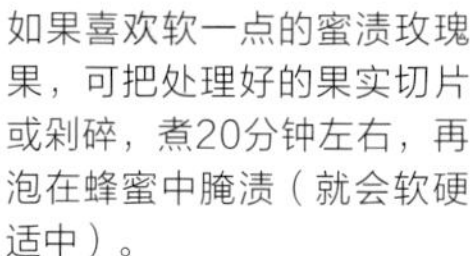

如果喜欢软一点的蜜渍玫瑰果，可把处理好的果实切片或剁碎，煮20分钟左右，再泡在蜂蜜中腌渍（就会软硬适中）。

基础的玫瑰果茶

将两颗玫瑰果去籽后切成小块，放入杯中，注入热水后，一杯富含维生素 C 的玫瑰果茶就完成了。在玫瑰果茶中加入肉桂或生姜等香料也很好喝。如果收获了很多玫瑰果，可以将其切碎后放入容器中保存。可以在容器中放入袋装干燥剂，这样，我们就可以享用为期一年左右的美味玫瑰果茶了。

注意： 有些品种的玫瑰果是不可食用的。此外，玫瑰果有通便作用，所以过敏体质的人、孕妇、儿童、老人要注意食用量。

玫瑰果的采收结束后，深冬渐至

玫瑰果的料理方法是由日本玫瑰生活指导员协会代表元木春海提供的，每年初冬他都会在养护玫瑰之前将玫瑰果做成干货。元木春海对我们说："对于爱玫瑰的人来说，玫瑰不仅可以观赏，而且它的香气和味道全都值得品味。我家院中有三种可食用的玫瑰果，收获饱满的果实会让人很有成就感。另外，我家不外传的独创蜜渍玫瑰果还可以配红茶或酸奶享用。在与爱花的朋友们享用下午茶的时候，请一定要试试用玫瑰果来补充维生素。"

12月

DECEMBER

当月节日与活动

冬至

圣诞节

大扫除

大雪

年终总结

制作贺年卡片

跨年前的准备

跨年

当月特色植物

橘子

柚子

一品红

冷杉

柊树

火棘

玫瑰花加上柊树果实、针叶树枝叶、松果……披霜的圣诞花束营造出冬日清晨独有的美。

12月盛开的园艺花卉

盆栽

一品红

花期：12月至次年2月　常绿灌木
大戟科大戟属

地栽 | 盆栽

金盏花（金盏菊）

花期：12月至次年5月　一年生、多年生草本
菊科金盏花属

地栽 | 盆栽

仙客来

花期：10月至次年3月　多年生草本（球根）
报春花科仙客来属

地栽 | 盆栽

大吴风草

花期：10—12月　多年生草本
菊科大吴风草属

地栽 | 盆栽

松红梅

花期：10月至次年4月　常绿小灌木
桃金娘科鱼柳梅属

地栽 | 盆栽

蓝菊

花期：3—5月、10—12月　多年生草本
菊科蓝菊属

地栽 | 盆栽

白晶菊

花期：12月至次年5月　一年生草本
菊科白晶菊属

地栽 | 盆栽

圣诞欧石南

花期：12月至次年4月　常绿灌木
杜鹃花科欧石南属

盆栽

法兰绒花

花期：9—12月、4—6月　多年生草本
伞形科绒苞芹属

12月的园艺生活

冬天的花少了，我们可以休息一下，想想来年的园艺计划，或者为不久后的圣诞节与新年做些准备，如用庭院里的花材制作装饰品。为了使玫瑰明年能继续开花，我们可以对玫瑰进行修枝、牵引等，这些工作都要尽早完成。在户外活动时，要注意防寒保暖。

a. 用景观灯点亮花园和阳台
b. 玫瑰的修枝和牵引
c. 植物的防寒措施
d. 针叶树的修剪

a.

用景观灯点亮花园和阳台

市面上有许多可以自己轻松安装的景观灯，景观灯的用途、种类多样，例如有太阳能充电后，夜晚自动打开的景观灯，还有可以在墙壁上投射雪花图案的小型投影灯等。因为LED灯不会照伤植物，所以让我们在点亮灯光后，感受夜晚花园的温暖吧。

b.

玫瑰的修枝和牵引

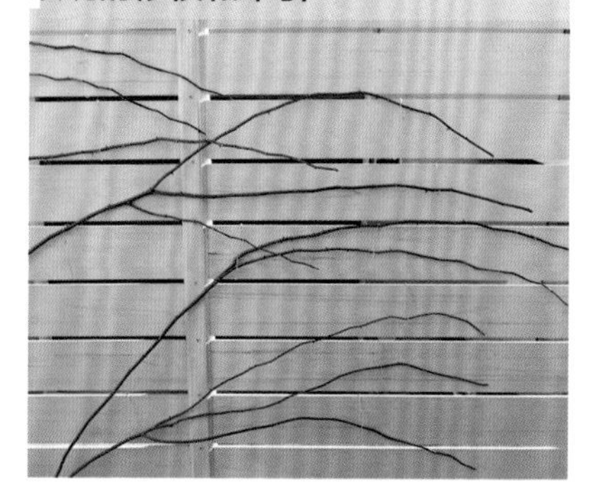

取下爬藤玫瑰在外墙上的绑带，剪掉老枝和枯枝后，将枝条水平牵引并固定，这样第二年就会开出更多的花。修剪和牵引最迟要在来年1月完成，盆栽玫瑰的修剪要在来年2月完成。

c.

植物的防寒措施

如果地面结冰形成霜柱，便会发生植物根部向上隆起从而折断的情况。为了预防霜柱，最有效的措施是在表土上覆盖一层木屑、腐土等。为了御寒防风，最好在植物周围设置支架并用黑色无纺布将其覆盖。

耐寒温度为-10 ℃~0 ℃的植物：温暖地区，在屋外也可以越冬。
耐寒温度为3 ℃~5 ℃的植物：不太耐寒，要做好防寒措施。
耐寒温度在8 ℃以上的植物：极不耐寒，要搬到室内或温室中。

d.

针叶树的修剪

修剪针叶树，修剪下来的树枝可以用于制作圣诞花环或圣诞树壁饰（请参照本书第108—109页）。若修剪得特别短，则可能使其发生返祖现象，所以要每年一点一点地修剪。去除树干周围残留的枝叶也可以预防春后的虫害。

培育　堇菜、香雪球、仙客来等

等春来的冬日混栽

为了迎接圣诞节和新年，从12月到次年年初，人们想要生活焕然一新的情绪开始日益高涨。与其他季节相比，虽然冬季可选择栽种的花卉较少，但只要我们巧妙地搭配色彩鲜艳的花朵与枝叶，也能打造出一盆华丽的盆栽。现在就开始移栽，可以一直欣赏到3月底。

适合圣诞节与新年的红色混栽花

冬季盛开的暖色系花卉混栽，为圣诞节和新年增添暖意。堇菜品种繁多，光是红色的就有多种。上图中多个品种的混栽，营造出一种明快的节奏感。从盆边垂落下叶子的是茅莓，它是一种常绿攀缘灌木，冬天时，叶子会因寒冷变成巧克力色。此类攀缘植物给混栽增添了灵动的线条，也增加了一份精致的美感。

花材：堇菜、匍枝白珠、香雪球、茴芋等

冬花与春花交替带来的惊喜

在花盆前部栽种上茂密的堇菜和攀缘生长的香雪球，将强调垂直线条的紫罗兰、金鱼草等种植在花盆后部，由于紫罗兰、金鱼草的花期较短，所以要事先栽种好球根，这样等到春天的时候就能和郁金香交替开花了。

花材： 堇菜、紫罗兰、香雪球、龙面花、帚石南、金鱼草、郁金香等

多种堇菜组合的蓝色渐变混栽

堇菜是一年生植物，每年都会有新品种上市。在上图这个花盆里种着5种以上的蓝色系堇菜，在冬春交替的季节，其花色和花量都会发生微妙的变化。除了堇菜，我还在其中点缀了一些黑色系的观叶植物。

花材： 堇菜、香雪球、郁金香、铁丝网灌木、羽衣甘蓝等

点亮冬季庭院的糖果色

这里选用了经过改良的适合室外栽种的小型仙客来。仙客来不耐霜冻和积雪，所以建议把盆栽放在屋檐下欣赏。不过，若是和帚石南等冬天也会持续开花的品种种在一起，即使仙客来枯萎了，在花丛中也不会很明显。

花材： 仙客来、帚石南、柳南香、鬼针草、金毛菊等

创意圣诞树

临近圣诞节，让我们用针叶树的枝叶制作一棵自然优美的“纯天然”圣诞树，来愉快地度过一年里的最后时光吧!将花店中可以买到的扁柏、侧柏等多种针叶树混合在一起后，会有种更加自然的感觉。当然也可以修剪自家院中的树枝来制作创意圣诞树。

给树修剪整形的时候，周身会飘荡着一股树木发出的芬芳，这一刻会让人觉得特别治愈。

创意圣诞树的做法

花材： 扁柏2根、 蓝色波尔瓦花柏1根、侧柏1根（可根据枝条情况调整根数）

材料： 底座容器、塑料袋、花泥、圣诞树装饰、灯饰等装饰品

1.将花泥放在底座容器上

我使用的容器是把木皮像年轮蛋糕一样卷起来的木制容器。将花泥放入塑料袋中以防花泥中的水分渗出，然后将放有花泥的塑料袋装入容器。除了这种木质容器，篮子等也很合适拿来做容器。

2.想象圣诞树的样子插成圆锥体

选出作为中心的树枝，将其插在花泥的中心。图片中的圣诞树以波尔瓦花柏的树枝为主。其高度是容器直径的2～2.5倍。根据装饰的空间大小，也可以插成高大挺拔的圣诞树。

3.底部树枝横插，注意插成等腰三角形

如果容器稍大，从正面看圣诞树的时候会是一个等边三角形；如果容器稍小，从正面看就是一个细高的等腰三角形。构成圣诞树最下层的枝条，要沿着底座插入花泥，插入后最好有自然下垂的感觉，遮挡住固定树枝的花泥和容器内部。不要让树看起来和容器分离（像飘起来一样）。

4.想象树的形状，在中间插入树枝

确定高度和底部后，将三个种类的树枝均匀地插入花泥中，使其成为圆锥体。一边转动容器一边插摆成品，会使圣诞树更有立体感。

5.装饰上圣诞球、松果等饰品，制作完成

由于树叶会逐渐由绿变黄，所以如果想保持颜色鲜活的话，就要给花泥加水并给树枝喷水。

如第108页图所示，我们还可以选用篮筐做容器或是在圣诞树上加一些小灯泡，改变圣诞树的装饰等。让我们享受着新鲜绿色的清香，挑战一下每年做一棵新的圣诞树吧。

于早春最先盛开的雪滴花，花瓣如雪片般洁白，将其包裹在湿润的苔藓里插入玻璃杯中，在室内亦可欣赏。

1月

JANUARY

当月节日与活动

元旦

煮春季七草粥

镜开日[1]

寒假

成人仪式

小正月[2]

大寒

当月特色植物

水仙

福寿草

南天竹

杨桐

松树

山茶

仙客来

1.于每年1月11日举行的日本传统节日，日本人有在节日期间吃供神年糕的习俗。——译者注
2.日本的元宵节。——译者注

1月盛开的园艺花卉

地栽 | 盆栽

水仙

花期：11月至次年4月　多年生草本（球根）

石蒜科水仙属

地栽 | 盆栽

报春花

花期：1—4月　一年生草本

报春花科报春花属

地栽 | 盆栽

铁筷子（嚏根草）

花期：1—3月　多年生草本

毛茛科铁筷子属

地栽 | 盆栽

山茶

花期：12月至次年4月　常绿乔木

山茶科山茶属

地栽 | 盆栽

雏菊

花期：12月至次年5月　一年生草本

菊科雏菊属

地栽 | 盆栽

金鱼草

花期：约一整年　多年生草本

车前科金鱼草属

地栽 | 盆栽

木茼蒿（玛格丽特花）

花期：11月至次年5月　常绿灌木

菊科木茼蒿属

地栽 | 盆栽

龙面花

花期：10月至次年6月　一年生、多年生草本

玄参科龙面花属

地栽 | 盆栽

蜡梅

花期：12月至次年2月　落叶灌木

蜡梅科蜡梅属

1月的园艺生活

与植物常伴的园艺生活中，1月是万物生长的原点。无论是购买幼苗、播种还是收获，把握正确的时机才是开始园艺生活的第一步。新年伊始，整理出每月要做的活动然后逐一实行，今年的园艺生活才会过得更加充实。

a. 检查庭院中的器具
b. 记录园艺日记
c. 放置喂鸟器，观察庭院里的野鸟
d. 留意窗边的花

a. 检查庭院中的器具

1月，植物还处于休眠期，这时我们可以抽空检查桌子、椅子和栅栏等物品。只需大体上看一圈，看看它们的部件有没有生锈或腐朽，有的话就需要修理或更换。此外，还可以利用这段时间重新粉刷庭院，根据重新粉刷的颜色制订种植计划也是其乐无穷的一件事。

换上蓝灰色新装的前田满见家院内的长椅。

b. 记录园艺日记

写一本园艺日记吧。将自己何时何地买了何种植物、如何种植、植物生长过程、施肥和重栽的日期以及活动内容等记录下来，还可以把自己的感悟写下来。由于植物的生长、病虫害发生的时间等存在地区差异，因此记录自己的园艺日记比任何参考书都更有参考价值。一边读着自己写的日记，一边进行每月的园艺活动，园艺本领也会逐年提高。

c. 放置喂鸟器，观察庭院里的野鸟

如果将喂鸟器安装在从房间窗户可以直接看到的地方，就可以在不惊动野鸟的情况下观察它们了。来到庭院里的有胸前有领带状花纹的远东山雀、棕褐色身体白色脸颊的杂色山雀、抹茶色的美丽绣眼鸟，还有米色身体鸟喙粗硕的锡嘴雀等。只要仔细观察，即使在平原地区也能看到十多种野生鸟类。

喜欢水果的野鸟

柿子是最受鸟儿青睐的水果，像白头鹎、小太平鸟、赤胸鸫、斑鸫、黑枕黄鹂、远东山雀、绣眼鸟、麻雀、灰椋鸟等鸟儿都喜欢吃。苹果和橘子也很受鸟儿的欢迎。把鸟儿喜欢的水果切成两半，这样会更方便鸟儿吃。

喜欢花生的野鸟

山斑鸠、远东山雀、金翅雀、斑鸠、锡嘴雀和麻雀等鸟类喜欢花生，要选择没有经过加工处理的花生来投喂，投喂时最好将花生剥开。

d. 留意窗边的花

一些兰花和多肉植物在室温低于15 ℃时会停止生长，当温度降至5 ℃以下时则会枯死。白天的窗边由于日照充足，所以温度较高，但晚上的温度则会降至10 ℃以下。因此要把畏寒植物从窗边移到暖和的房间，但注意不要摆放在空调暖风的出风口附近。

培育　葡萄风信子

迎接春天的水培葡萄风信子

葡萄风信子在秋种的球根植物中算小的，其株高不到 30 cm，开花紧凑，即使是园艺新手种植也很容易养活。若在年初时在屋内盆栽的话，葡萄风信子会比栽种在庭院中的发芽早，可以更快体验到花苗发芽带来的乐趣。

葡萄风信子是其英文名的直译，它像小葡萄串一样可爱的花朵惹人喜爱。试着使用人造土壤（如SERAMIS植物液肥）代替土壤，以水培的方式培育葡萄风信子看看吧。

葡萄风信子的花还没开，像问荆一样的花蕾和从下往上开的花穗可爱极了。

葡萄风信子的水培方法

花材：葡萄风信子球根（记得在9—11月购入）

材料：无孔容器、人造土壤（培养皿中红色颗粒）、化妆沙（遇水变硬的沙子不会浮起，即使倾斜也不会溢出）、镊子或小勺子（准备一个检测水分的指示器会更方便）

1. 买了球根后要冷藏保存

把球根装在纸袋里，放入冰箱低温冷藏一个月左右，模拟冬季的环境，球根会更容易发芽。如果住在寒冷的地区，可直接放到室外，并趁年末或年初有空时进行移栽。

2.将人造土壤和球根依次放入

在容器中放入约5 cm厚的人造土壤，将球根芽朝上轻轻地放在上面。如果用手无法弄好，可以使用镊子。

3.加入化妆沙固定球根

为了防止球根移动，可在容器中加入化妆沙，然后加入能够湿润人造土壤的水就完成了！球根如果全部被埋入化妆沙中会导致腐烂，所以固定球根的重点是只将根部盖住。

4.移栽后每周加一次水

每周给球根加一次水，保证土壤一直处于湿润状态。虽然加水过多是大忌，但使用SERAMIS等人造土壤进行水培的优点就是即使加水过多也能生长良好。

放在向阳处培育

1月上旬种上葡萄风信子，过半个月会生芽，早的话1月下旬就会开花。各不相同的生长速度产生的不平衡感也很有趣。花开后不要忘记做好后续清理工作。（请参照本书第121页）

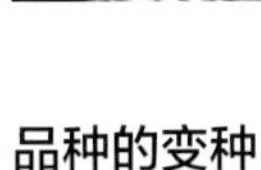

品种的变种

亚美尼亚葡萄风信子和阔叶补血草有经典的紫色系花朵，葡萄风信子有白色、粉色、浓淡不同的蓝色等诸多花色，挑选花色也是件趣事。在室外种植的葡萄风信子会在3—5月开花。上图从左至右依次为亚美尼亚葡萄风信子、阔叶补血草、白色葡萄风信子、粉色日出葡萄风信子、海洋魔法葡萄风信子。

用羽衣甘蓝装饰花园

羽衣甘蓝是节日期间必不可少的装饰。园艺商店里的羽衣甘蓝种类繁多，购买后可摆放在门廊迎客，或是种植在冬季庭院中没有绿植的地方点缀庭院。

羽衣甘蓝每年都会有新品种出现，如圆叶、皱叶、切叶等。其中，体积小巧的羽衣甘蓝用途广泛，可以将它们围成花环状进行栽培，也可用作混栽的配材。

花环状的羽衣甘蓝的栽培要点

羽衣甘蓝是种对园艺新手很友好的植物，容易栽培，所以将其直接从花盆里拿出来移栽的时候，根部周围的土去掉很多也没关系。冬天的时候水分蒸发缓慢，所以，即使将羽衣甘蓝放在土壤很少的围成环状的容器中种植，生根后也要少浇水。另外要注意将其放置在不受霜冻或冷风影响的地方。

花环的制作要使用由钢丝或小树枝编成的环状容器。在容器内铺上无纺布或棕榈垫，再铺上土后即可栽种幼苗。

开花淡季时，用盆栽花来装饰庭院

从冬季到次年早春，千叶县的桥本惠子女士都会用围成环状的羽衣甘蓝等装饰庭院，享受该时期独有的盆栽乐趣。桥本女士说：“我家花园里的很多地方都是半天晒不到太阳的，深秋以后大多数地栽植物进入休眠期，花园就会变得一片沉寂。即便如此，我也没放弃让花园在冬季有花开放的想法，所以，我会把每年都出新品种的羽衣甘蓝、仙客来、堇菜等种到花盆里，把它们装饰到花园的各处。”

将羽衣甘蓝种在各式花器中装点庭院

羽衣甘蓝不仅可以种在环状花器里，稍费些工夫也可以种在陶瓷餐具、玻璃器皿等没有排水孔的容器里，种在这些容器里时，要保持适度浇水以防其烂根。羽衣甘蓝的根部可用水清洗后缠上盆栽用苔藓，这样的话，即使浇的水少一些，也会保留适量的水分，保证羽衣甘蓝不会枯死。

2月

FEBRUARY

当月节日与活动

立春前夕

立春

观黑枕黄鹂

观暗绿绣眼鸟

春日第一场南风

情人节

预防感冒

当月特色植物

梅

圣诞玫瑰

东北堇菜

番红花

雪滴花

雪割草

连翘

将雪花莲、番红花和绵枣儿等球根花卉集中起来放于旧木抽屉里，就可以早一步感受春天的气息。

2月盛开的园艺花卉

地栽 | 盆栽

福寿草

花期：2—3月　多年生草本

毛茛科侧金盏花属

地栽 | 盆栽

东北堇菜

花期：2—5月　多年生草本

堇菜科堇菜属

地栽

梅

花期：1—3月　落叶乔木

蔷薇科杏属

地栽 | 盆栽

番红花（藏红花）

花期：2—4月　多年生草本（球根）

鸢尾科番红花属

地栽 | 盆栽

雪滴花

花期：2—3月　多年生草本（球根）

石蒜科雪片莲属

地栽

日本金缕梅

花期：2—3月　落叶灌木

金缕梅科金缕梅属

地栽 | 盆栽

欧洲报春花

花期：11月至次年4月　多年生草本

报春花科报春花属

地栽 | 盆栽

紫罗兰

花期：12月至次年4月　一年生草本

十字花科紫罗兰属

地栽 | 盆栽

香雪球

花期：2—6月、9—12月　一年生草本

十字花科香雪球属

2月的园艺生活

2月虽然是日本一年中最冷的时候，但各地都在举办兰花、圣诞玫瑰等冬季花卉的主题活动，与新花卉的邂逅正在等着我们。2月时落叶树和球根、宿根花卉逐渐转向生长期，如果你在树枝上发现了新芽或花芽，那就说明春天的到来不远啦！

a. 玫瑰的修剪期限
b. 在室内播种一年生的香草
c. 给盆栽花卉浇水
d. 花败后的水培盆栽清理

b.

在室内播种一年生的香草

可播种的一年生的香草植物有芝麻菜、有喙欧芹、香菜和德国洋甘菊等，可以在房间内温暖的窗边进行播种。

c.

给盆栽花卉浇水

2月是盆栽球根花卉发芽的时节，因为从地表看不出芽尖，所以很容易将其遗忘，但我们要记得每周给它们浇一次水。盆栽的宿根花卉也是一样，每周浇一次水；地栽的话则不需要浇水。

在球根花卉中，最早开花的是春天的使者雪滴花。观赏小小白花含苞待放的样子，可一定不要错过呀！

在2月中旬春天即将到来，绿色的芽开始生长。

a.

玫瑰的修剪期限

在日本关东以西的平原地区，玫瑰的修剪期限是2月，所以在2月里把灌木玫瑰（半蔓生、丛生）修剪完吧。开花无望的玫瑰弱枝和枯枝会在春天过后成为病虫害的温床，所以要在这个时候把它们都剪掉。

d.

花败后的水培盆栽清理

对于花败后的水培球根植物，如果将其种在地里或花盆中，养到它们的叶子自然枯萎再清理，那么明年可能会再次开花。

培育　苗芽

发芽也很可爱!在室内种植苗芽

苗芽是谷物或蔬菜种子发的芽。除了为人熟知的白萝卜苗，还有紫甘蓝苗、西兰花苗、芥菜苗等其他品种的苗芽可食用。苗芽不挑季节，只要有水和光照就能栽培，非常适合新手种植。另外，苗芽好吃又营养，吃苗芽也是一种享受。观察小小的苗芽以肉眼可见的速度不断长大也是一件非常有趣的事情。

小而营养丰富的苗芽

放在窗边的苗芽，明明只浇了水，但苗芽快速生长的样子总是令人惊喜。这种生长的能量来自种子中储存的营养，各品种苗芽的主要营养成分略有不同，白萝卜苗富含叶酸，紫甘蓝苗富含β-胡萝卜素、维生素C、维生素E，芥菜苗则富含β-胡萝卜素和钾。苗芽很容易在窗边培育生长，因此我们可以经常食用苗芽，对我们来说食用苗芽不仅有益于健康，甚至有美容效果，这对我们的生活而言极有好处。

夹了大量苗芽的三明治，漂亮的颜色让人食欲大增。其他配料分别是鸡肉、胡萝卜、鳄梨和奶酪。

苗芽的培育方法

种植前的准备： 碟形的容器（塑料或陶瓷制）。在容器中铺一块海绵或厨房用纸，然后倒入大量的水。海绵厚度最好小于1 cm，这样种子在吸水后更容易发芽。

三种不同颜色和大小的苗芽

我们准备了三类种子：白萝卜、紫甘蓝和芥菜，每袋种子重35 g。一般超市卖的苗芽种子1包的量大概可以种满10个容器，所以不要一次性把种子种完，而应把种子分成几份，按需种植。

❶ 在容器中撒满种子。

❷ 使用喷雾瓶在种子上喷洒大量的水。

❸ 为种子盖上报纸以遮光，放在阴凉处等其发芽。

播种窍门

将种子均匀撒入容器中，注意不要将种子堆在一起。洒水，直至种子湿润，注意种子需要吸收充足的水才能发芽。由于芥菜和紫甘蓝的种子很小，所以需要用喷雾瓶将种子喷洒湿润；而白萝卜种子较大，所以在水中浸泡一夜后再种会更容易发芽。

发芽技巧

种子1~2天后便会发芽，在此之前，要将其放在盒子里或用报纸盖住遮光。另外，即使达到发芽所需要的20 ℃~25 ℃的温度，而如果种子干了的话也不会发芽，所以要将其放置在空调吹不到的温暖的地方，定期喷雾浇水。

苗芽的栽培要点

发芽后，将其放在阳光充足的窗边，保证每天换水以防水变浑浊。另外，水蒸发的速度会比我们预想的更快，所以要注意防止容器内的水蒸发完。最快一周、最慢两周苗芽就会长齐，之后就可以采收了。

发芽后放在阳光下，从第一天就开始疯长的紫甘蓝苗。

芥菜苗也长得很好，味道香辣可口。

有着美丽的红色小叶的白萝卜苗，含有丰富的叶酸。

华丽的圣诞玫瑰捧花

圣诞玫瑰垂首盛开，花姿清丽，别具一格。然而，当你不经意间轻扶花朵向内看时，你会惊叹于它那如连衣裙下摆般的褶皱和其精致的渐变色，美得是那么令人惊叹。只是种在花园里，是欣赏不到圣诞玫瑰那表现丰富的美的，所以让我们加工一下圣诞玫瑰，把它摆放到室内来欣赏吧！

圣诞玫瑰的栽培方法

圣诞玫瑰是四季长青的多年生常绿草本植物，花期为每年的2—3月。圣诞玫瑰在阴凉处也可生长，也几乎不会遭受病虫害，种在庭院里数年后就会长成一大株。当圣诞玫瑰开花量大时，可将花朵剪下加工，会别有一番乐趣。大多数圣诞玫瑰幼苗可以在12月至次年2月期间园艺商店或冬季花卉活动中买到，每株幼苗都有不同的花色和形状，因此选择购买带着花苞的幼苗准不会有错。

圣诞玫瑰捧花的制作

1.在庭院里剪下先开的花并收集起来

圣诞玫瑰有多种颜色和形状，无须搭配其他花朵就能做成多姿多彩的捧花。上图中，我从庭院里剪了大概25朵圣诞玫瑰。

2.将花茎捆成螺旋状

螺旋状捧花是将花茎沿一个方向对齐，将花拢在一起后，用麻绳系在花的正下方，将其捆绑成螺旋状。

3.无须考虑配色的简易捧花

将螺旋状捧花插入玻璃花瓶中时，花茎线条看起来会很漂亮。用自己亲手培育的花朵制作的华丽捧花就完成了。

让鲜花保存更久的“热水法”

能让鲜切花长久保鲜的一种方法是在水中剪花茎的“水剪法”，另一种方法是“热水法”。对于圣诞玫瑰而言，用“热水法”会更有效。从庭院中剪下花后，将茎尖浸入盛有热水的碗中，待一段时间后取出。浸热水时，要用报纸包住花朵，以免花朵被蒸汽伤到。

带有春日气息的糖渍东北堇菜

随着春天的临近，园艺店里各种花苗开始上架，其中东北堇菜总是能让人感受到浓浓的春日气息。即使种下的时候只是棵小小的花苗，但一旦在花园里生根，东北堇菜的数量就会因其自生种子的繁殖而增加，在庭院各处绽放。在日本，大约有60种野生的东北堇菜，但常见的是深紫色、白色和淡紫色的东北堇菜。此外，具有芬芳气味的香堇菜，自古以来在欧洲便作为香草来栽培，现已被广泛应用在香水和化妆品中。

将东北堇菜的花糖渍之后，放到红茶或香槟里让花朵漂浮其间，或是将其点缀在蛋糕、冰激凌上也是一种享受。飘满东北堇菜香气的春季茶话会，是不是该开始准备了呢？东北堇菜的花语是“小幸福”，就让我们在期待已久的春季园艺生活中，创造属于自己的小小幸福吧！

糖渍东北堇菜的做法

糖渍东北堇菜，因受到哈布斯堡-洛林王朝末代皇后的喜爱而闻名。将糖渍东北堇菜放入红茶或热牛奶中，或将其添加到蛋糕或烘焙食品中，就能品味到美妙的下午茶。用糖渍东北堇菜来待客也很受欢迎。

材料： 东北堇菜适量、蛋清1个、精制白砂糖适量、平底盘1个

做法：

❶ 将东北堇菜洗净，沥干水分。

❷ 用刷子将蛋清轻轻搅拌一下，涂在花上，撒满白砂糖。要注意的是，直接往所有花上撒糖会撒得不均匀，所以要一朵一朵地撒。

❸ 将其摆放在平底盘中，放入冰箱里阴干几天，糖渍东北堇菜就完成了。最后放入密封的瓶子或罐中保存即可。

东北堇菜的栽培要点

在东北堇菜品类中，最易种植的紫花堇菜和堇菜的数量在地栽时会随着自生种子的繁殖而增加，所以很推荐新手栽种。如果东北堇菜是在4—5月开花，那么我们就可以将间拔的花苗移栽到花盆里。移栽后，在表土上覆盖些苔藓，能营造出更加自然的氛围。

用小容器装饰

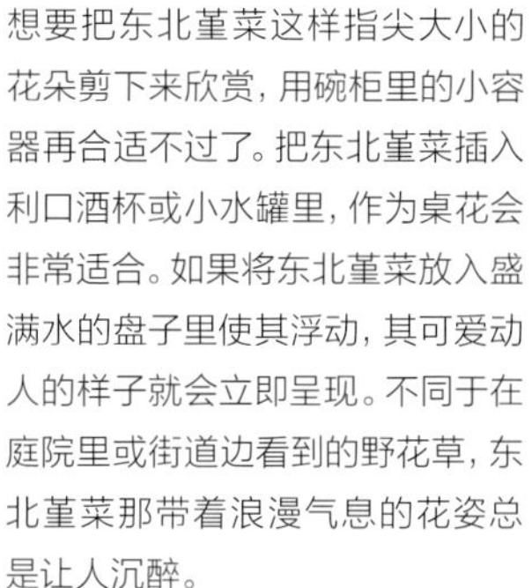

想要把东北堇菜这样指尖大小的花朵剪下来欣赏，用碗柜里的小容器再合适不过了。把东北堇菜插入利口酒杯或小水罐里，作为桌花会非常适合。如果将东北堇菜放入盛满水的盘子里使其浮动，其可爱动人的样子就会立即呈现。不同于在庭院里或街道边看到的野花草，东北堇菜那带着浪漫气息的花姿总是让人沉醉。

郁金香、水仙花、天蓝色的勿忘草一起绽放，空气中活力满满，春天来到了！

3月

当月节日与活动

女儿节

惊蛰

妇女节（金合欢之日[1]）

春分扫墓

观云雀

采野菜

毕业典礼

当观植物

桃花

油菜花

蒲公英

珍珠绣线菊

木兰

金合欢

1.意大利当地的妇女节习俗，意大利人会在妇女节当天送女性金合欢，以示对她们的尊敬。——译者注

3月盛开的园艺花卉

地栽

山桃（花桃）

花期：3—4月　落叶乔木
蔷薇科桃属

地栽 | 盆栽

夏雪片莲

花期：3—4月　多年生草本（球根）
石蒜科雪片莲属

地栽

连翘

花期：3—4月　落叶灌木
木犀科连翘属

地栽 | 盆栽

勿忘草

花期：3—6月　多年生草本
紫草科勿忘草属

地栽

金合欢

花期：3—4月　小乔木
豆科金合欢属

地栽

蓑衣藤

花期：3—4月　常绿蔓生植物
毛茛科铁线莲属

地栽 | 盆栽

马醉木

花期：2—4月　常绿灌木/小乔木
杜鹃花科马醉木属

地栽

瑞香

花期：2—4月　常绿灌木
瑞香科瑞香属

地栽 | 盆栽

皱皮木瓜

花期：3—5月　落叶灌木
蔷薇科木瓜海棠属

3月的园艺生活

3月，经历了冬日严寒的花草都开始发芽了。虽然气温日渐回暖，但也会有突然降温的时候，所以花草的防寒措施千万不可疏忽大意。

随着天气变暖，昆虫也开始活动起来。若想减少花草的虫害，在初春时驱虫尤为关键。

a. 小心倒春寒
b. 惊蛰至，蛰虫出
c. 摘除球根花卉的残花
d. 赏梅季和梅花节

a.

小心倒春寒

3月，寒暖天气交互出现，倒春寒的现象时有发生。在这个月份，许多植物刚刚发芽，若是遇到霜冻，刚发的新芽便会被冻伤，所以当看到降温的天气预报时要及时采取措施，将植物移入室内。

b.

惊蛰至，蛰虫出

每年的3月5或6日，被称为“惊蛰”，冬眠的昆虫们在这一时段开始活动。先在花丛中出现的是瓢虫，如果发现了瓢虫，那就说明花丛中很可能有蚜虫的存在，由于蚜虫的繁殖速度惊人，所以要仔细观察花茎、花蕾、芽尖等处，趁其数量不多时加以消灭。

c.

摘除球根花卉的残花

水仙、葡萄风信子、风信子、夏雪片莲依次盛开，随后花期结束，花朵会开始枯萎。待花败后就需要做一些修剪和养护的工作。对于簇状花，只需剪掉枯萎的花即可，但对于像风信子一样在一根茎上开数朵花的种类，就需要从贴近地面的花茎根部进行修剪。

d.

赏梅季和梅花节

在日本，说到赏花，自然而然地就会想到赏樱花，但其实在此之前，日本各地的梅花也正值观赏季。日本各地也会举办梅花节，所以选一个暖和的天气，去赏梅吧。白梅花气味芬芳，把脸凑近一些，可以好好享受那淡雅的花香。

呼唤春天的金合欢

金合欢能开出如春色般的鲜艳黄花，将其晒干后还能保持可爱的花形，所以很适合用来制作花环、壁饰等装饰物。

被称为“金合欢”的植物有很多种，而原产于澳大利亚的贝利氏相思才最名副其实，它有着美丽的银绿色叶子和金平糖般的可爱花朵。由于它是豆科植物，所以即使在相对贫瘠的土地上也能茁壮生长。它比同属的银荆树“Acasia dealbata”长得更紧凑，作为庭院树来栽种也极易打理，所以深受人们喜爱。

在本书第133页还介绍了多个叶子形状极具个性的金合欢品种，也同样推荐大家种植。

金合欢的栽培要点

大多数品种的金合欢生长速度快，几年就长成，因此可能会出现树枝因风雪而折断，或因夏季的湿热而死亡的情况。通过修剪让金合欢树保持小型，其寿命才会更长。金合欢的花芽通常用肉眼是看不见的，但它们会于每年7月左右，在树枝的顶端形成。修剪应选择在当年的花败后立即进行。

在神奈川县横滨市，金合欢也会有枝头挂雪的时候。如果是在春天下雪后会很快融化的地区，将其种在院子里也可以。

金合欢的花蕾在12月鼓起，次年2月中旬左右开花。在庭院里还是一片寂寥的时候，金合欢开花是极具吸引力的。

用庭院里盛开的金合欢做个华丽的壁饰吧

由于神奈川县的远藤昭先生之前在澳大利亚生活过，所以在回到日本后，他在庭院中种植了许多原产于澳大利亚的植物。其中他最推荐种在庭院里的植物是金合欢。远藤昭先生说："澳大利亚的植物会很贵，但在自己的庭院里栽种些，就可以奢侈地将其用于花卉装饰和工艺品了。在我们家，春天用金合欢、秋天用尤加利来装饰房间是常例。有些植物会有分明的季节变化，请一定要尝试种植在自己的院里，以感受四季的变化。"

各品种合金欢

银叶金合欢

圆形银叶，较为耐寒。

三角叶金合欢

三角形的叶子很有特色。

紫叶贝氏金合欢

新芽为古铜色叶，很有时尚气息。

装饰　珍珠绣线菊

用珍珠绣线菊制作桌上花环

3月春天已渐渐来临，但仍有回寒的时候，在翘首期盼鲜花盛开的下午茶时间，在桌上装饰一个带着柔柔春色的花环来增添春意吧。花环用珍珠绣线菊柔软且易于卷曲的枝条作为基础，再进行简单改造后即可完成。堇菜、香豌豆、淡色调的紫罗兰和珍珠绣线菊或山苍子的小花组合会给人一种轻松的氛围，开个花间茶话会估计会很热闹。

珍珠绣线菊的栽培要点

在每年的2—4月，珍珠绣线菊垂下的枝条上会开满纯白色的花朵，那如同初雪飘零般的花姿极其漂亮。珍珠绣线菊作为庭院树来说，是很容易培育的品种。因其病虫害较少，所以很适合园艺新手。其栽培要点是要种在向阳且通风良好的位置，并在开花后立即对其进行修剪。珍珠绣线菊的花期长达2~3周，即使剪下枝条插入花瓶中，也能欣赏一周左右。

珍珠绣线菊花环的做法

花材： 珍珠绣线菊1~2根，山苍子、香豌豆、紫罗兰各1朵，水仙、堇菜、报春花数朵
材料： 能盛水、稍深的带底座盘子1只，麻绳或铁丝若干

❶ 取一条珍珠绣线菊长枝，围成一个比容器小一圈的圆圈当作花环底座。将枝条的末端缠好并固定住，不好缠的话可以用麻绳或铁丝固定。

❷ 在步骤①做好的圆圈上缠上另一条珍珠绣线菊。

❸ 在容器中倒满水，放入珍珠绣线菊花环底座，将山苍子、紫罗兰等花朵均匀地插入其中。

❹ 带有春天气息的柔和淡色调花环制作完成了！

朴素的花环

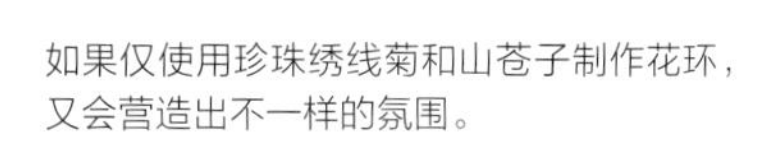

如果仅使用珍珠绣线菊和山苍子制作花环，又会营造出不一样的氛围。

12个月的园艺生活日历

4月	5月	6月	7月	8月	9月
▶第1—13页	▶第15—27页	▶第28—39页	▶第41—51页	▶第53—65页	▶第66—77页

除草、摘除残花等养护工作

不要忘记给盆栽浇水

早上提前浇水

进入秋季浇水模式

4月

培育
用混栽花卉展现季节特色
第6—9页

装饰
淡紫色的复活节创意插花花束
第10—11页

料理
盐渍八重樱与创意菜谱
第12—13页

栽种春植球根花卉
唐菖蒲、嘉兰、马蹄莲、娜丽花、美人蕉、姜黄花

栽种夏季开花植物
碧冬茄、半边莲、婆婆纳

播种夏季开花的一年生草本植物
百日菊
万寿菊
翠菊
藿香蓟
金莲花
牵牛花
凤仙花
碧冬茄
百日菊
黑种草
万寿菊

播种夏季蔬菜
番茄
茄子
黄瓜
罗勒、紫苏等香草类
菠菜、小松菜等叶类蔬菜

购买夏季开花植物

5月

养护春季开花的球根植物

培育
从播种开始栽培香草
第20—21页

装饰
用红茶杯制作创意插花花束
第22—23页

料理
熬制美味的玫瑰酱
第24—27页

定植夏季蔬菜
番茄
茄子
黄瓜
西葫芦
苦瓜

6月

摘除玫瑰残花并修枝

摘除圣诞玫瑰残花

疏剪香草，防止闷热

修剪绣球花

进行扦插

摘除铁线莲残花并修枝

采收浆果
唐棣
蓝莓
树莓
樱桃
黑莓
红醋栗
树莓

培育
不畏酷暑，夏季绽放的8种花卉
第34—35页

装饰
栽培洋甘菊，进行草木染
第36—37页

料理
将小巧的唐棣果榨成果汁
第38—39页

7月

采收毛地黄、黑种草种子

矢车菊的养护

采摘夏季蔬菜
番茄、茄子、黄瓜、西葫芦、苦瓜

盆栽花卉的防暑对策

培育
香草女王薰衣草
第46—47页

装饰
用薰衣草缝制一个助眠的枕头
第48—49页

料理
“魔法”花卉饮品
第50—51页

仍然来得及定植的夏季蔬菜
茄子
黄瓜
南瓜

8月

炎热夏季，不要忘记给地栽植物浇水

为预防叶蜱，用花洒给叶子喷水

修剪罗勒

修剪夏季草花
碧冬茄、鼠尾草、万寿菊

利用酷暑翻新旧土

培育
夏季混栽迷人的一年生草本花卉
第58—61页

装饰
用绣球花“安娜贝尔”装点室内空间
第62—63页

料理
薄荷让夏日更清凉
第64—65页

预订秋种宿根花卉、球根花卉、玫瑰苗

9月

给“秋玫瑰”剪枝

栽种圣诞玫瑰苗

布置盆栽、树木的防台风措施

培育
培育昂贵的香辛料——番红花
第72—73页

装饰
用干花制作透明的果冻蜡烛
第74—75页

料理
用自家种的新鲜罗勒制作美味罗勒酱
第76—77页

播种草花
勿忘草
麦仙翁
大阿米芹
半边莲、沼沫花

开始播种冬季蔬菜
白萝卜
小水萝卜
白菜
小松菜
小白菜
芜菁
莴苣
菠菜
茼蒿

购买秋种宿根花卉、球根花卉

基本护养　浇水的要点　玫瑰的护养　受欢迎植物的养护　庭院工作的窍门

每月进行园艺活动的日历。让我们每月按照这个日历确认是否完成了园艺活动。让我们一起来享受诗意的生活吧！

10月	11月	12月	1月	2月	3月
▶第79—89页	▶第90—101页	▶第103—109页	▶第111—117页	▶第118—127页	▶第129—135页
多年生草本植物的分株、移栽和养护 紫玉簪、香根草、金光菊、秋牡丹（10月—11月）				水培盆栽的清理	摘除球根花卉的残花
	清理落叶	不要忘记给盆栽的球根类、宿根花卉浇水（12月—2月）			
“秋玫瑰”的开花季	收获玫瑰果	玫瑰的修枝和牵引（地栽玫瑰最迟在次年1月内完成）（12月—1月）		玫瑰的修剪期限	
	玫瑰的定植与重栽（最理想的是年内完成）（11月—2月）				
柑橘类及其他果实的收获季 柠檬、柚子、无花果、柿子、石榴、葡萄（10月—11月）		针叶树的修剪	记录园艺日记	赏梅季和梅花节（2月—3月）	
糖渍青番茄	整地（11月—12月）		留意窗边的花	**培育** 发芽也很可爱！ 在室内种植苗芽 第122—123页	小心倒春寒
盐渍紫苏籽		植物的防寒措施	检查庭院中的器具		注意蚜虫等害虫
培育 来栽培浆果类果树吧！ 第84—87页	**培育** 堇菜和三色堇的篮植 第96—97页	用景观灯点亮花园和阳台	放置喂鸟器，观察庭院里的野鸟	**装饰** 华丽的圣诞玫瑰捧花 第124—125页	
料理 浓郁的宝石色石榴糖浆 第88—89页	**装饰** 用红酒和插花花束制作礼物 第98—99页	**培育** 等春来的冬日混栽 第106—107页	**培育** 迎接春天的水培葡萄风信子 第114—115页	**料理** 带有春日气息的糖渍东北堇菜 第126—127页	**培育** 呼唤春天的金合欢 第132—133页
碧冬茄 洋地黄 黑种草 丛生风铃草	**料理** 用玫瑰的恩赐来犒劳身体 第100—101页	**装饰** 创意圣诞树 第108—109页	**装饰** 用羽衣甘蓝装饰花园 第116—117页		**装饰** 用珍珠绣线菊制作桌上花环 第134—135页
甜菜 菠菜 生菜 茼蒿	**秋种球根的种植时节** 郁金香、水仙花、风信子、葡萄风信子			**在室内播种一年生的香草** 有喙欧芹、芝麻菜、香菜、德国洋甘菊	
果树的移栽（10月—3月）					
冬季开花花苗的购买时间 **秋种宿根花卉、球根的购买时间**	**冬季开花花苗的购买时间** **玫瑰花苗的购买时间**				

播种、定植的推荐时间　苗木、球根等的购买时间

本书以下图片取自Shutterstock.com
Lilac Mountain (P.3), alvintus. goodmoments. Quang Ho (P.18-19),
OlgaSam.ChiccoDodiFC.Skyprayer2005(P.20-21), Shulevskyy Volodymyr.
OlgaPonomarenko,aniana (P.32-33), Natalia van D. HHelene, nstey33, Lesya Dolyuk(P.44-45), only Fabrizio, photoPOU (P.46-47), Lomdet. P (P.51).perphoto,Keikona.shinina(P.54-55). Evgenyrychko,panattar (P.56).cpreiserooo. wk1003mike(P.65).Obraz,Natalia Melnychuk, Mariola Anna S (P68-69) from my point of view (P.72)。

摄影 执笔 编辑
株式会社3and garden

设计
十河岳男

图片来源与配文
安酸友昭（第6—9页、34—35页、58—61页、98—99页、106—107页）
面谷仁美（第6—9页、24—27页、58—61页、98—99页、106—107页、124—125页）
海野美规（第10—11页、108—109页、134—135页）
本间希（第12—13页、88—89页）
冈崎英生（第20—21页、46—47页、76—77页）
Lucy恩田（第22—23页）
永屿节子（第36—37页）
前田满见（第38—39页、54页、62—63页、92页、113页、126—127页）
堀久惠（第48—49页、83页）
元木晴海（第100—101页）
桥本景子（第116—117页）
远藤昭（第132—133页）

图片来源
Friedrich Strauss（第1—2页、14—15页、28—29页、40—41页、52—53页、78—79页、90—91页、102—103页、110—111页、118—119页、128—129页）
竹田正道（第51页）
Clive Nichols（第66—67页）